资源节约与环境保护丛书

城镇化
与
生态文明
城市建设

——以西部民族地区呼和浩特市为例

Research on Urbanization and
Construction of
Ecological Civilized Cities
—A Case Study of Hohhot City in
Western Ethnic Areas

本书得到以下支持：国家科技基础资源调查专项"中蒙俄国际经济走廊多学科联合考察"（项目编号：2017FY101300）；国家社科基金项目（项目编号：19XMZ084）。

金 良 温雪颖 郭嘉铭
陈亚慧 郭长治◎著

经济管理出版社
ECONOMY & MANAGEMENT PUBLISHING HOUSE

图书在版编目（CIP）数据

城镇化与生态文明城市建设——以西部民族地区呼和浩特市为例/金良等著. —北京：经济管理出版社，2019.12

ISBN 978-7-5096-6091-1

Ⅰ.①城… Ⅱ.①金… Ⅲ.①生态文明—城市建设—研究—呼和浩特

Ⅳ.①X321.226.1

中国版本图书馆 CIP 数据核字（2019）第 301750 号

组稿编辑：王光艳

责任编辑：魏晨红

责任印制：黄章平

责任校对：董杉珊

出版发行：经济管理出版社

　　　　　（北京市海淀区北蜂窝 8 号中雅大厦 A 座 11 层　100038）

网　　　址：www. E-mp. com. cn

电　　　话：（010）51915602

印　　　刷：北京晨旭印刷厂

经　　　销：新华书店

开　　　本：720mm×1000mm /16

印　　　张：10.75

字　　　数：177 千字

版　　　次：2020 年 11 月第 1 版　　2020 年 11 月第 1 次印刷

书　　　号：ISBN 978-7-5096-6091-1

定　　　价：68.00 元

前　言

城镇化是工业化的必然结果，是人类文明的产物，它的发展是城市空间资源优化配置的关键，也是城市可持续发展的关键。根据国际城镇化经验，50%的城镇化率是城镇化发展的一个重要节点，是城镇化进程中经济增长动力因素从量变到质变的转变，城镇化的推动因素由产业带动转变为由空间集聚所带来的知识溢出和产业结构的合理优化。发达国家经过第二次工业革命后，经济飞速发展，人口不断向城市集中，至1980年城镇化水平已提升至60%以上，我国城镇化水平在2011年才达到50%这一临界点，走上可持续发展道路。但在复杂转变的过程中，导致了一些问题的产生，如何能够规避风险，顺利进入可持续发展道路，成为了现阶段亟须研究的问题。

西部民族地区是我国少数民族集中分布的区域，地处边疆、资源丰富、生态环境脆弱。随着西部大开发战略的实施，西部地区的资源优势逐步转变为经济优势，资源得到大范围开发，经济得到快速增长，城镇化速度加剧，同时生态环境与城镇化发展之间的矛盾日益凸显。习近平总书记在党的十九大报告中指出，加快生态文明体制改革，建设美丽中国。并在西部地区陆续实施生态优先、绿色发展战略，为西部民族地区的发展指明了道路。基于此，本书从西部民族地区城镇化与生态文明建设的角度出发，以呼和浩特市为例，构建呼和浩特市生态文明建设水平评价指标体系，评价其生态文明城市建设水平，探索城镇化建设与资源环境之间的复杂关系，寻找城镇化与生态环境之间的平衡，并以此提出适应西部地区经济与生态环境之间协调发展的相关政策建议。

本书主要从呼和浩特市城镇化、呼和浩特市城镇化与环境污染之间的关系以及呼和浩特市生态文明城市建设水平评价三个方面着手，研究呼和浩特市城镇化进程中的生态文明城市建设情况，以期为民族地区生态文明城市的建设提供经验借鉴。全书共分为七章，第一章、第二章、第三章为本书的基础理论部分，分别介绍了国内外对于城镇化及生态文明城市建设的研究进展、我国西部民族地区城市发展的特点以及呼和浩特市的发展概况；第四章、第五章、第六章和第七章为本书的主体部分。其中，第四章、第五章和第六章主要从经济城镇化、人口城镇化、土地城镇化三个方面介绍了呼和浩特市城镇化的发展现状，以及城镇化过程对环境的影响，采用定量分析方法，体现城镇化与环境污染之间的相关关系；第七章，通过构建适合呼和浩特市整体发展的生态文明建设评价指标体系，评估呼和浩特市生态文明城市建设水平，并分析影响生态文明城市建设的主要因素，提出呼和浩特市生态文明城市发展的建议措施。

　　本书是我和我的几位研究生共同完成的。这几年我所指导的研究生学位论文，主要以呼和浩特市为研究对象，围绕城镇化和城市可持续发展方向展开，与我个人的一些研究成果和博士后出站报告，在研究角度和内容上形成了很好的互补，成为一个较好的内容体系。和自己的学生共同出版专著，是我几年来的愿望，今天得以实现，感到十分高兴和欣慰。在此，感谢我的合作导师董锁成研究员的悉心指导，感谢我的工作单位内蒙古财经大学对本书出版的资助，感谢在该书撰写和出版过程中帮助我的所有人。感谢我的几位研究生的积极参与，尤其感谢研究生温雪颖在本书统稿、修改和出版过程中的默默付出和温暖陪伴。谨以此书献给我们普通而真挚的师生情。

　　由于水平和时间所限，书中难免存在不妥、不足之处，敬请各位专家、读者批评指正！

金良

2019 年 12 月于呼和浩特

目　录

第一章

绪　论

　　城镇化是工业化的必然结果，是一个涉及经济社会演变的过程（管驰明、姚士谋，2000），一般是指人口向城市地区聚集和乡村地区转变为城市地区的过程。城镇化自古以来就存在，只是随着发展背景的不同，城镇化所表现出的社会特征也不尽相同。

　　城镇化是人类文明的产物，它的发展决定了城镇化空间资源优化配置的关键，也是决定城市经济可持续发展的关键（张自然等，2014）。根据国际城镇化经验，以城镇化率50%作为城镇化的一个重要节点，是城镇化进程中经济增长动力因素从量变到质变的转变，城镇化的推动因素由产业带动转变为由空间集聚所带来的知识溢出和产业结构的合理优化。发达国家在经过第二次工业革命后，经济飞速发展，人口不断向城市集中，至1980年将城镇化水平提升至60%以上，我国城镇化水平在2011年才达到50%这一临界点，走上可持续发展道路。但在复杂转变的过程中，导致了各种各样问题的产生，如何能够规避风险，实现可持续发展，成为现阶段亟须研究的问题。

第一节　研究背景、目的和意义

一、研究背景

20世纪60年代以来，城镇化进程中的生态环境问题成为了全球化背景下的重大问题。在全球化浪潮中，我国城镇化在经济全球化、科技创新等背景下，机遇与挑战并存，城镇化过程中所面临的问题日益严峻。我国是一个人口大国，在激烈的国际竞争中，当前的城市经济体系仍然是以低技术劳动密集型等加工产业为主，高新技术产业较少，在国际政治舞台中仍处于低端被动的位置。城镇化进程飞快，但粗放型的经济增长模式，高污染、高排放企业的入驻，产生的废水、废气、废渣给城市的生态环境带来了巨大挑战，城市现有的基础设施远远满足不了城市发展的需要（陈晓红，2008）。与此同时，生态环境水平又反过来影响城镇化的速度与规模，城镇化的发展速度需要一定环境条件支持，环境恶化对城镇化经济增长起到了一定的制约作用。对城镇化发展趋势及其城镇化发展对环境污染的影响研究有助于了解城镇化发展对环境造成的负面影响。此外，从制度层面来说，环境管理制度还不够完善，相当多的企业为了追求经济效益的增长，往往以牺牲环境作为代价，大大降低了资源的利用效率，制度上对这种行为并未加以约束和有效地控制，加重了环境污染。通过对环境规制政策的完善，加强对城市的生态环境承载能力的清晰认识，在此基础上合理规划城市的内部结构，完善法规体系，有利于改善城市的生态环境，促进城镇化进程及生态环境的协调可持续发展（卢虹虹，2012）。

党的十八届三中全会提出生态文明建设以后，引起了各省市的高度重视，都在尝试创建生态文明省市先行示范区；党的十九大对生态建设提出了更高、更严格的要求，要实行最严格的生态保护制度，努力实现绿色生活方式和经济发展方式，要坚持生态良好、生产高质量、生活富裕的科学发展道路，实现美丽中国建设。

呼和浩特市作为内蒙古自治区的首府城市，有着悠久的历史与丰富的文化底蕴，位于我国西部少数民族地区，是连接中蒙俄经济走廊的节点城市，优越的地理位置为其经济的快速发展提供了坚实的基础。但由于气候干旱，且生态脆弱性较高，加之人为因素的干预，大面积的荒地被开垦为耕地或变成建筑用地，原始植被被大肆破坏。受冬春季节的大风与干旱少雨的气候影响，裸露的表土被大风带走，不仅降低大气的能见度，还易造成农作物的减产，随着牲畜头数的不断增加和人类活动强度的加大，草地压力增加，导致草地的生产力下降，草场不断退化，土地退化、沙化等问题比较严重。从呼和浩特市产业结构来看，2000 年的三次产业结构为 11.15：37.57：51.28，2016 年为 3.58：27.87：68.56，第一、第二产业产值所占比例在逐渐下降，第三产业产值所占比例不断上升。旅游业的兴起虽然带来了可观的经济效益，但可能会引起新一轮的生态危机，游客对草原的践踏，会缩小土壤的孔隙度，导致土壤质地变硬，影响地表径流与地下径流的流量，抑制植被生长，水土问题也会因此而产生（高海林等，2011）。

总的来说，呼和浩特市的经济发展促进了城镇化进程，随之而来的是经济发展与环境承载力的相对失衡。为此，既要摒弃单纯为了经济利益而牺牲资源环境的腐朽思想，又要祛除仅仅为了保护环境，保持经济零增长的模式，寻找城镇化与生态环境之间的平衡，将呼和浩特市建设成为西部民族地区具有代表性的生态文明城市。

二、研究目的与研究意义

1. 研究目的

现阶段，生态环境问题已成为我国经济发展过程中的重大阻碍，生态文明城市的建设对于不断恶化的生态环境具有明显的改善作用。党的十八届三中全会以来，生态文明建设理念已深入人心，各市开始致力于建设生态文明城市，实施生态文明体制改革，强化生态保护与建设、加大环境保护力度、加强资源节约和管理、发展循环经济。坚持走生态文明建设道路，不仅能促进经济向前发展，又有利于保护生态环境，建设美丽中国，符合国家发展的长远规划。

呼和浩特市是内蒙古自治区重要的能源资源基地，作为内蒙古自治区的首府城市，兼顾着多重功能。但由于自然条件的限制和极大的人口压力，生态环境脆弱，经济发展水平相对落后，能源资源的利用增加与环境可持续发展之间的矛盾日益突出。因此，为了打造北方生态安全屏障，对呼和浩特市生态文明城市建设水平进行评价，一方面能够分析内蒙古自治区省会城市生态建设的发展水平和城际差异，另一方面找出生态建设的关键影响因素，为协调发展经济、社会和生态提供科学的依据，同时也为我国少数民族地区的城市发展提供参考和借鉴。

2. 研究意义

（1）理论意义。建设生态文明城市是一个巨大的、复杂的系统工程，所涉及的学科之广，内容覆盖面之全，大大加大了研究的难度。本书在现有的生态文明考核办法基础上，与呼和浩特市的实际发展情况进行结合，构建了适于评价呼和浩特市生态文明建设水平的指标体系，这对于呼和浩特市未来几年实现可持续发展具有极其重要的意义。根据科学的理论与方法，对生态文明城市进行规划和量化考核，将政府和公众联系起来，为城市科学发展观做出具体判断和合理解释，并提供正确的依据。正确处理生态文明与城市未来的可持续发展问题，对生态文明城市建设规划的制定以及城市生态产业的建设都有积极的指导作用，对实现生态优先，绿色发展具有重要的推动作用。

（2）现实意义。生态文明城市建设水平评价系统结构虽然较为复杂，但可以从各个方面全面地反映生态文明城市建设水平的整体状况。本书通过详细分析呼和浩特市的城镇化现状，动态变化及其与生态环境的关系并构建较为完整的评价指标体系，从而体现出呼和浩特市建设生态文明城市的具体实施方向，也为呼和浩特市生态文明建设的下一阶段工作提供了依据。同时，也能够促使政府更加高效、有针对性地提出生态文明城市建设规划方案。

构建呼和浩特市生态文明城市建设水平评价指标体系，不仅是对呼和浩特市生态文明建设的现状做出正确有效的评价，而且对生态文明城市的建设具有监督作用，找出建设过程中的缺点与不足，并能及时做出修正，有利于加快呼和浩特市生态文明城市建设的步伐。对西部少数民族地区城镇化与生态文明城市建设具有重要的借鉴意义。

第二节　国内外研究进展

从 20 世纪 40 年代开始，人们逐渐开始关注发展问题。对城镇化的发展与环境问题的研究始于 20 世纪 60 年代，21 世纪以来，更是成为了学者研究的热点问题。

一、国外研究进展

国外学者也从不同的视角对城镇化和生态环境进行了研究，并将城市比喻成一把双刃剑：一方面，城镇化促进了人类的经济发展，提高了人类的生活水平；另一方面，城镇化使人口过于集中，超越了环境承载能力，带来了交通拥堵、水污染、大气污染等各种环境问题。同样，国外学者注重城镇化与生态环境的耦合协调发展，并对耦合关系进行测度，美国著名经济学家 Grossman、Krueger（1995）通过对全球 42 个国家城镇化与生态环境质量指标的筛选，在数理统计方法的基础上，提出了著名的环境库兹涅茨曲线假设。另外，国外学者 Lopez R. 还从经济学理论的角度出发，探讨如何经过创新，可以利用最少的资源创造更大的经济效益，具有很强的实用性（Lopez R，1994）。

21 世纪初联合国开展了环境与发展会议，大会上签署并通过了关于国家可持续发展战略计划《21 世纪议程》，该战略计划的发布标志着可持续发展研究进入了快速发展阶段。随后，联合国开发计划署（UNDP）发布了测度国家社会经济发展水平的指标，人类发展指数（HDI）；经济合作与发展组织（OCED）和联合国环境规划署（UNEP）联合建立了"压力—状态—响应"（PSR）模型；联合国可持续发展委员会（UNCSD）在 PSR 模型的基础上创建了"驱动—状态—响应"（DSR）模型；20 世纪 90 年代，关于可持续发展评价方法的研究还有生态足迹、储蓄法和能值分析法。这些方法的创建被广大学者沿用至今，但是每种评价指标和方法都有其局限性。在对可持续发展的研究过程中，也出现了许多不同的指标体系。在这其中，最具有影响力的应该是由联合国可持续发展委员会出台的测度国家可持续发展现状的指标体系，大体上分为社会、环境、经济和机构四个子系统，子系统下共包含了 140 多个具体指标。经过多次修正，最后确定为包含 14 个主题，44 个子主题，51 个核心指标和 46 个补充指标，这是国际上公认最有影响力的评价国家可持续发展的指标体系。世界经济论坛（WEF）与哥伦比亚大学在此基础上提出了环境可持续指数（ESI），此后，在2014年联合国可持续发展委员会对这一指数经过校正之后，再一次将ESI指数生态系统生命力和环境健康细分成了九大类，具体有生物多样性和栖息地保护、水与卫生设备、健康影响、气候和能源、森林、空气质量、渔业、农业、水资源，在这些类别下还设有20多个详细的评价指标体系。同时，此项体系将专题排名与综合排名相结合，使其在全球范围内被广泛使用成为了可能。

在国外，学术界对生态文明概念并没有明确的界定，他们的研究主要集中在，由人类活动导致的资源环境问题和社会可持续发展之间的关系，以及如何让人与自然生态环境达到和谐共处，这些为我国的生态文明研究提供了许多可以借鉴的地方。国外对于生态文明城市的提法是生态城市建设，生态城市的提出始于1971年，国外很多国家生态城市的发展进程较快，且得到了不同程度的发展。当城市面临着来自各方的挑战时，尤其是面对生态环境的压力，人们采取了各种措施对此进行技术革新、调整城市内部结构、发展循环经济、转变生活方式等对城市进行全面的调整与改善，使城市向着更高的层次发展。近些年，国外对"生态城市"的研究有了新的突破，哥本哈根在生态城市的建设进程中，加强对生态城市的宣传力度，重视公众的参与度，其实施的"步行街"项目是商品和文化交融的产物。日本北九州市通过开发生态产业实现地区废弃物零排放，被评为"全球500佳"城市（李海峰等，2003）。巴西的库里蒂巴市在土地使用、城市的规划设计以及交通体系的建立等方面都值得很多国家借鉴，因此其被联合国评为"生态之都"。新加坡极其重视绿色城市建设，并一直在为打造新加坡花园城市努力，这与我国提出的建设生态文明城市内涵相似，期望在经济高速发展的同时，能够保持资源环境的良好态势及社会机制的健全稳定。

二、国内研究进展

国内对城镇化与生态环境问题的研究主要集中于对城镇化与生态环境问题内涵的研究；在城镇化发展过程中，从经济学的角度，探究区域经济发展对资源环境的影响；城镇化与资源环境之间的相互关系与相互作用，将自然作用过程与人文过程结合起来，主要研究城镇化对生态环境的胁迫性与生态环境对城镇化的约束性。

第一，对城镇化的概念及内涵，学者们各持己见，国际上并没有统一的说法。国内学者将城镇化分为人口城镇化、经济城镇化、空间城镇化和社会城镇化，用以反映地区的城镇化状态。在生态环境问题的领域中，用生态环境水平、生态环境压力、生态环境治理等体现区域生态环境的整体水平（程艳，2014）。

第二，在城镇化发展过程中，从经济学的角度，探究区域经济发展对资源环境的影响。一方面，研究经济发展的过程中，经济增长与资源环境的"脱钩"程度。脱钩特指两个或两个以上物理量之间相互关系的脱离（宋伟等，2009），"脱钩"最早用于农业政策领域，之后被引入资源环境领域，研究经济发展与资源环境之间的相关关系。学术界通常用环境库兹涅茨曲线（EKC）描述经济增长与环境污染之间的倒 U 型曲线关系（孟美等，2013；乔蕨强等，2016）。另一方面，将数学方法引入研究中，对资源环境与经济发展水平的协调度进行分析，探究其时空差异性（杜忠潮等，2015）。

第三，城镇化与资源环境之间的相互关系及相互作用，将自然作用过程与人文过程结合起来，主要研究城镇化对生态环境的胁迫性和生态环境对城镇化的约束性。在城镇化进程中，对周边生态环境造成了潜在的威胁，两者之间存在着相互胁迫的关系，且呈现出双指数曲线的耦合规律（黄金川等，2003）。国内学者通过对珠三角、河西走廊（刘艳艳等，2015；乔标等，2005；方创琳等，2006）等地区的研究发现：在耦合理论的背景下，城镇化与生态环境之间存在着动态的耦合关系，这种耦合关系受到自然条件、环境、人口素质、技术创新和系统自身恢复能力的共同约束（陈晓红，2013），并将城镇化与生态环境系统的演化周期分为低级协调共生、协调发展、极限发展和螺旋式上升四个阶段，最终实现协调发展的目标。

国内对生态文明建设评价研究的历程大体可以分为两个阶段：第一阶段是从 20 世纪 90 年代初到 2007 年。1994 年，中国政府率先制定并发布了全球可持续发展行动计划《中国 21 世纪议程》，也标志着我国在发展道路上坚持可持续发展的原则，为后续可持续发展研究提供了坚实的基础（潘家华，2001）。在之后的研究中，通过各研究机构和专家的不断深入攻坚，挖掘出了数十项可持续发展评估指标。中国科学院可持续发展战略研究组将可持续发展指标体系分为五个层次：全层、系统层、主层、变量层和因子层。将总指标体系分为生存支持体系、发展支持体系、环境支持体系、社会支持体系和信息支持体系，共 45 个指数和 219 个指标。在 2004 年国家统计局和 21 世纪议程管理中心建立了可持续发展的国家指标体系，该指标体系包括科教、社会、资源、环境、经济与人口六个子系统，共 100 个评价指标和 196 个描述性指标（张丽君，2003）。第二阶段是 2008 年至今。中国共产党第十七次全国代表大会将"生态文明"列入政府工作报告，并且将生态文明建设放在了与经济建设同等重要的位置。2008 年以后，生态文明建设多元化评价体系逐渐增多，中央编译局于 2008 年 7 月发布了中国"生态文明建设（城镇）指标体系"，包括体制保障、资源节约、环境保护和环境安全四个子系统，涵盖 30 多个评估指标。

在生态文明城市建设水平评价方法的研究中，关海玲（2014）在生态文明概念的基础上，阐明了生态文明的重要性，建立了城市生态文明评估指标体系，运用熵法对生态文明水平进行了总体评估。并以山西省为例，与国内其他生态文明发展地区做比较并进行分析，验证了指标评级体系在实践中的合理性和可行性，最后提出了发展城市生态文明的对策及建议；张瑶（2016）利用层次分析法，从资源条件、环境质量、经济效率和生活水平四个方面出发，选取了 17 个指标体系，通过对安徽省 16 个地市 2015 年的数据进行建模，得出安徽省及其各地市生态文明建设的对策措施，以期为安徽省的生态文明建设提供参考；魏小双（2014）从评价指标因子、核心领域、整体综合三个层面，对中国各省的生态文明发展水平进行了全面的定量评估和分类。利用 ArcGIS 软件创建中国省级生态文明多级多层次空间布局，更直观地反映了中国省级生态文明空间布局结构；许力飞（2014）运用熵值法计算武汉市 2006~2011 年区域环境文明生态建设指标，并根据显示的数据对结果进行分析。但在对数据进行处理时，由于生态建设评价指标数据量纲多不一致，因此需要对数据进行无量纲化处理，除此之外，还需对指标体系的权重进行计算。目前对于指标赋权的方法可以分为主观赋权法和客观赋权法。两者的区别主要是定性分析和定量分析。主观赋权是根据作者主观认识对指标体系赋权，主要用到的方法是层次分析法和 Delph 法等；客观赋权是依靠计量软件对所选指标与评价对象之间的关系进行统计分析，主要用到的方法有变异系数法和离差法。前者的主要优点是可以根据作者的主观认识来测度某一项指标对评价对象的影响程度，但是由于太过主观，赋权就缺乏了合理性和科学性；后者相对主观赋权法来说，更具有客观性和透明性，在赋权过程中以客观代替主观，克服主观因素对研究结果造成的偏差。当然，两者都有各自的优势和缺点，所以为了使评价结果更加科学、准确，学者经常将主观赋权法与客观赋权法结合使用，以此来避免两者在使用过程中所产生的缺陷。

三、研究进展评述

目前，国内对生态文明城市建设所使用的指标体系大多是"十一五"国家环境保护模范城市考核指标以及国家对生态县、生态市、生态省建设的指标设计等，主要涉及社会机制建设、环境保护和经济发展三个子系统，这些指标体系具有其各自的局限性，全国指标范围广、实用性小，县域和地市指标指向性较强，但对之后学者的研究有一定的借鉴和指导意义。存在以下主要问题：

其一，在实践中建立的评价指标，国内大部分研究者都偏向于经济与自然环境指标的建立，对于文化、制度保障、民生、社会等方面的考虑较少，这样的评价指标不能达到协调人口、社会、经济、环境的目的。

其二，对生态文明城市建设的研究多停留在指标体系的建立、综合评价模型方法等方面，缺乏从理论到实践的探索，因此，对生态文明城市实践研究的提升空间还很大。

其三，我国国土面积广大，地域辽阔，具有较强的地域性特征，对生态文明城市建设水平评价体系的构建很难根据地区的发展特色以及自然地理特征，做出具有针对性的地域性特征指标体系，并对其进行评价。

生态文明城市的建立是一个相对持久的工程，不能一蹴而就，制定总体规划格局关乎着整体的发展态势。整合系统资源、合理规划、平稳发展，是城市发展的一种理想模式。我国对生态文明城市的建设可以借鉴国外对生态文明研究的成功经验，以可持续发展为理论指导，以科技发展为后盾，以政府政策和资金为支撑，增强民众的生态保护意识，建立符合我国国情和地区特点的生态文明城市。

本书在前人研究的基础上，基于国内外生态文明理论与实践研究进展，分析阐明生态文明的内涵与特征，根据国家《生态文明建设目标考核办法》，构建一套适合呼和浩特市地区特点的生态文明城市建设水平评价指标体系。通过对呼和浩特市城镇化历程的研究以及城镇化与生态环境关系的研究，总结影响城市建设的主要限制因素，切实地为呼和浩特市生态文明城市建设提出可行性的建议，并为呼和浩特市和其他市区的生态文明城市建设提供客观依据，为呼和浩特市相关政府部门提供建设生态文明城市的科学决策依据。

第三节　研究内容、方法与技术路线

一、研究内容

本书结合呼和浩特市的实际情况，利用 2000~2015 年的人口、经济、土地利用、环境污染、能源消费等相关统计数据和遥感影像数据，从人口城镇化、经济城镇化和土地城镇化三个方面对呼和浩特市的城镇化与环境污染、城镇化与能源消费碳排放的关系进行分析，进而运用 TOPSIS 分析法对呼和浩特市生态文明城市建设水平进行综合评价，主要内容如下：

1. 呼和浩特市城镇化现状及变化趋势分析

从人口城镇化、经济城镇化和土地城镇化三个方面，利用 2000 年以来的统计数据和遥感影像数据，分析呼和浩特市的城镇化现状及时空变化。

2. 人口、经济、土地城镇化与城市环境污染物排放的关系

在人口城镇化与环境污染关系的研究中，分别以总人口数、非农业人口数指标表征人口城镇化水平，以工业废水排放量、工业废气排放量、工业固体废弃物产生量、生活污水排放量和生活垃圾清运量表征环境废弃物指标，拟合分析人口城镇化与环境废弃物排放之间的关系。

在经济城镇化与环境污染关系的研究中，分别从经济增长、三次产业发展及居民消费与"三废"排放关系研究等方面，对呼和浩特市的经济城镇化与"三废"排放关系进行了比较深入的分析。

在土地城镇化与环境污染关系的研究中，通过呼和浩特市土地利用数据与"三废"数据，对土地城镇化与环境污染物排放关系进行拟合分析，探讨城镇用地的扩张与环境废弃物排放之间的关系。

3. 呼和浩特市城镇化与碳排放

利用 ENVI 和 ArcGIS 提取的土地利用数据，对呼和浩特市的土地利用现状及其变化情况进行分析。根据 1990~2016 年能源消费数据，构建碳排放模型，通过对呼和浩特市市域及其市辖区土地利用变化进行研究，探索城镇化过程对碳收支总量的影响。结合 ArcGIS 中的统计模型——克里克插值等方法探索呼和浩特市市辖区碳排放效应、碳排放风险指数、碳排放压力的变化。

4. 呼和浩特市生态文明城市建设水平评价

依据《生态文明建设目标考核办法》，对影响城市生态文明建设的指标进行筛选，并征求相关专家意见，构建呼和浩特市生态文明城市建设水平评价的指标体系。从经济发展质量、资源节约利用水平、生态建设和环境保护以及社会机制建设四个方面选取 20 个指标对呼和浩特市城市生态综合发展指数进行评价。

二、研究方法

1. 环境库兹涅茨曲线模型

分析呼和浩特市经济发展与污染物排放量之间的关系，对两者进行库兹涅茨曲线拟合，判断拐点。

运用灰色关联度计算方法对环境影响因素进行灰色关联性分析。

2. VEC 模型

通过 VEC 模型，获得呼和浩特市三次产业发展与城乡居民收入变动之间的长期与短期关系。根据所得模型分析三次产业中对城市居民收入影响较大的产业和对农村居民收入影响较大的产业，并根据结果探索提高呼和浩特市居民收入、减小城乡收入差距的途径。Engle 和 Granger 将协整与误差修正模型两者进行结合，得出的就是向量误差修正模型，即常说的 VEC 模型。又如 VEC 模型可从 ADL 模型导出，因此也可将其看作加入了协整约束的 VAR 模型。

3. GIS 空间分析法

主要利用遥感影像，通过对影像进行解译分析，得出研究区土地利用时空动态变化趋势，重点分析城市用地的空间变化趋势，判断城镇化发展速度及趋势，展示由于土地利用类型转换所造成的生态承载能力的空间差异。

4. 熵值赋权法

在对呼和浩特市生态文明城市建设水平进行综合性评价时，需要充分考虑评价指标的系统性、科学性、可操作性等原则。因此，从经济发展质量、资源节约利用水平、生态建设和环境保护以及社会机制四个方面建立指标体系。同时，为避免主观性，量化处理后采用熵值法对指标数据进行赋权，从而实现权重和评价结果的客观性。

5. TOPPSIS 分析法

TOPPSIS 方法是多目标决策分析中一种常用的有效方法，由 Hwang 和 Yoon 在 1981 年提出。TOPPSIS 方法是通过构建一个正理想方案和一个负理想方案，计算评价对象与正理想方案和负理想方案的距离，以此评估出最佳解决方案。

三、本书的技术路线

本书的技术路线如图 1-1 所示。

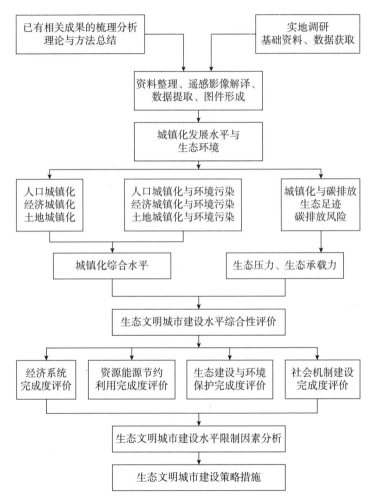

图 1-1 本书的技术路线

第二章
相关概念及理论基础

第一节　相关概念

　　在中国，"文明"一词首次是出现在《易经》中，发展到现今社会，"文明"主要用来指社会的发展状况。英文中的"文明"（civilization）一词是由拉丁文"civis"演化而来的，最初是指居住在城市的人及其所具有的适应生存的能力，随后被赋予了新的定义，用来衡量社会的进步状态和人类的文化程度。城市的出现，逐渐被作为判定社会进步状态最主要的标准，换言之，城市是文明发育的根基与土壤。

　　"生态"（ecological）一词最早来源于古希腊文"oikos"，原意是指家和房屋或是个体的生活环境，而后所涵盖的范围越来越广，囊括了生态系统中错综复杂的关系。我国学者在国外理论研究的基础上，提出生态文明是人与生态环境一个动态协调的过程，是人类和生态环境共同发展的一个综合概念。我国提出的生态文明理念，是经过了农业文明和工业文明，摒弃了传统的先发展后治理的思想，恪守人与自然共同和谐发展原则，是对农业文明和工业文明的一种传承和升华。

一、生态文明

　　自党的十七大提出生态文明建设以来，大量学者致力于对生态文明的研究，而且对生态文明内在含义的解读也各不相同。李建中

（2011）在关于建设生态文明城市的系统思考中指出，从广义上理解，生态文明包含物质和精神两个层面的内涵，是现代社会所必需的属性；从狭义上理解，生态文明是人类社会进程中的一个阶段，是从原始社会、农业文明、工业文明发展到一定阶段的产物，是比工业文明更高级的一种形式。无论是广义还是狭义的生态文明，其内涵都说明了生态文明既是物质文明发展到一定程度后的必然结果，又是现代社会的必要组成部分。

廖福霖（2003）在其著作中提到，生态文明是一种平衡、和谐的状态，是让人类和生态环境之间达到和平共处的状态。所以在人类生产生活中，不仅要创造经济价值，还要创造良好的生态环境和繁荣的社会文明。朱坦等（2008）认为，生态文明是一种可持续发展，人作为主导力量，要与生态环境系统友好相处，在生态系统的可承载范围内最大限度地追求，但是还需要反哺环境。陈寿朋（2007）在前人研究的基础上，提出了新的论断观点，他认为，目前我们提出生态文明的理念主要是为了改善生态环境，但与提高环境质量有明显的区别，生态文明不仅包含经济和环境两个子系统，还涵盖了社会、文化和政治等各个系统间的平衡发展。殷乾亮（2011）将生态文明定义为一种经济发展模式，生态文明与传统的工业文明区别在于：前者追求一种良性的共同发展状态，后者强调将经济发展放在首位的一种发展理念。研究表明，生态文明既是一种人与自然永续发展的共生模式，又是经济和生态环境和谐发展的理想状态。

生态文明是现代社会必须遵循的发展模式，是一种追求绿色经济质量的发展理念，这也是人类进步的重要标志。生态文明的主旨就是人和自然达到一种动态的、和谐的发展状态，它不是凭空创造的，而是经过社会变迁而形成的产物，是社会文明达到一定高度的产物。生态文明与早期工业革命有本质上的区别，前者包含了物质文明和精神文明两个部分，后者强烈追求物质世界；前者强调互相服务，和谐共处，后者完全否定了早期工业革命的自然服务于人类的理论。

二、生态文明城市

1. 生态文明城市的内涵

城市是非农业人口的聚居地，是人类文明的集中体现，城市的功能包含了人类生活所必须面临的条件，如政治、经济、文化、科技等。国内学者对于生态城市的研究成果转多，有关于人文主义色彩的乌托，有把健康生活的考验融入对自然条件选择与建筑物设计中的理想国，有低碳生态城市太阳城等。通过对各类城市发展主体模式的构思与规划，体现了对城市美好未来的憧憬，也是对现有城市发展模式的思考（董宪军，2002）。

生态文明城市的建设是在前人研究的基础上，总结、借鉴成功的研究经验以及优秀的研究成果，探索建立由原始落后的人类文明向适应现代化城市发展趋势的新型城市文明发展模式。是在一定区域内以资源承载力、可持续发展观、低碳经济理论等科学理论为指导，遵循人与自然发展规律，采用先进科学技术，提倡绿色创新理念，构建合理的产业结构和经济发展体系，实现人与自然、社会的全面协调、可持续发展的良好格局（李志英，2007；肖良武，2010）。

2. 生态文明城市的特征

生态文明城市与传统的现代城市有较大的差别，无论是生活理念，还是经济发展模式都有其独特的视角。与传统的现代城市相比，生态文明城市的主要特点如下（黎海彬等，2009）：

（1）人文性。生态文明城市将"人"放在了中心位置，但是区别于传统工业革命的"人定胜天"，它要求的是"以人为本"的可持续发展观念。

（2）可持续性。生态文明城市要求人类合理开发利用自然资源，不以损坏自然环境作为追求经济目标的代价，使人类社会所处的大环境系统中所有要素实现永续利用，保持生态环境的健康稳定。

（3）和谐性。生态文明是一个复杂的动态系统，它包含了人、社会和自然三个子系统，强调三者能够达到互利共赢的发展状态。

（4）循环性。生态文明对于创造经济价值的过程有了更高的要求，不再是依附于自然条件无限制地发展经济，而是提高资源利用率，摒弃资源浪费的发展方式，用科学技术实现经济的绿色发展。

（5）均衡性。生态文明系统中所包含的人、社会、生态系统等子系统，是可持续发展的基本保障，需要均衡发展，且不能出现短板。

3. 生态城市与生态文明城市的区别与联系

生态城市是联合国教科文组织于 1971 年在"人与生物圈计划"中提出的理念，指出生态城市是人类文明发展到一定阶段的必然产物。此后，这一理念也成为了各国学者讨论的重点与热点问题。

苏联生态学家 O. Yanitsky（1987）将生态城市描述为效益最大化模式，即科学技术得到充分利用，自然环境没有受到污染，人居环境极其优美的一种状态。Richard Rigister（1987）特将生态城市比喻成一个大本营，其特点充满了活力与生机。Roseland（1997）在已有生态城市的研究基础上总结出，生态城市是个大箩筐，里面装有科学技术、可持续发展、绿色发展等理念。总而言之，生态城市是依据生态学原理，利用现代科学技术解决目前城市中遗留的环境问题，经过反复研磨，从而建设一个健康有活力的城市。

经过长时期的探索，我国在生态城市的基础上，提出了"生态文明城市"的概念。"生态文明城市"的理念吸收了生态城市的精华部分，并提出和谐不仅是人与生态系统的和谐，也是人与人之间的和谐，从全新的视角提出了一种新的城市发展理念。生态文明城市与生态城市最大的区别在于：首先，生态城市是从生态学的角度出发，强调构建良好的生态环境，而生态文明城市在生态城市的基础上强调经济、社会、文化以及生态子系统的动态平衡。其次，生态文明城市以科学发展观为基础，以可持续发展观为理论指导，以构建宜居美丽城市为最终目标，是社会文明高度发展的产物，是中国城市转变发展模式的必经之路。生态文明城市与生态城市的关系与区别如表 2-1 所示。

表 2-1　生态文明城市与生态城市的比较

指标		生态城市	生态文明城市
相互关系		生态文明城市的建设是生态城市建设的高级阶段，是相对于生态城市建设更深层次的创建工作	
区别	提出角度	生态角度	人文和谐角度
	指导思想	生态学原理、系统工程方法	科学发展观、环境伦理观
	整体观	区域平衡	经济、社会、自然等子系统均衡发展
	内涵	高效资源利用率、充沛的活力、处于健康状态的城市	一定地域空间内人、社会、自然和谐、持续发展的人类住区环境
	内部关系	人与自然	人—自然—社会复合系统
	发展目标	生态良好，充满活力	天人合一，人与自然和谐共处

第二节　理论基础

一、城镇化理论基础

"城镇化"一词最早出现在 1867 年，由西班牙 A. 塞尔达在其《城镇化概论》一书中提出。对于城镇化的概念，各学者从不同的学科、不同的角度均有各自的见解，尚且不能统一，一般认为，城镇化是一个农业人口转化为非农业人口、农业地域转化为非农业地域、农业活动转化为非农业活动的过程。

1. S 型曲线

美国地理学家诺塞姆于 1979 年在《城市地理》一书中，将城市发展过程形象比喻为一条被拉平的 S 型曲线，认为经济发展水平与城镇化水平存在正相关关系，城镇化水平随着经济发展水平的提升而升高。中国学者焦秀琦在1987年发表了一篇题为《世界城镇化发展的S型曲线》的文章，他对诺塞姆提出的S型曲线进行了数学模型的推导，描绘出了城镇化过程的S型曲线图（王圣学，2000）。世界各国城镇化程度各异，且存在着较大差距，总结各国城镇化规律，大致可以将城镇化分为初期、加速期和成熟期三个阶段（程艳，2014）。第一阶段为城镇化的初期阶段，这一阶段城镇化程度在10%~30%，城镇化率较低，农业生产作为经济发展的支柱产业，工业开始起步，生产力水平低，农业人口与城市人口相比，占有绝对优势，城市人口增长缓慢，城镇化发展在生态承载力范围内。第二阶段为加速阶段，城镇化水平在30%~70%，工业化进程加快，逐步确立其主导地位，吸引了大量农村剩余劳动力，人口开始向城市涌入，第二、第三产业占地区生产总值比重越来越高，日益增长的生存需要，对资源的肆意开放，导致了一系列环境问题的产生，两者之间的矛盾日益凸显。第三阶段为成熟阶段，是城乡人口的动态平衡阶段，城镇人口稳定在90%以上，城乡之间的人口流动速度放缓，甚至停滞。第三产业占据主导地位，城镇化进程与资源环境高度协调。

2. 推-拉因理论

推-拉因理论用来描述城镇化进程中人口转移问题，是解释发达国家与发展中国家城镇化动力模式的理论，具有代表性的理论有库兹涅茨的人口迁移理论和刘易斯等的二元经济发展模型（郑菊芬，2009）。

推-拉因理论认为，人口由农村向城市转移，由农村内部的推力和城市的吸引力（拉力）共同决定。在城镇化发展的加速阶段，工业确定了主导地位，劳动力密集型产业的发展吸引了大量来自农业机械化生产释放的农村剩余劳动力，为追求更好的物质生活，农村人口开始涌入城市，这种共同作用造就了推-拉因理论的形成与演化。

3. 环境经济理论

环境经济学是一门快速发展的新兴学科，是环境科学和经济学之间交叉的边缘学科，是研究经济发展和环境保护之间相互关系的一门科学。环境经济学存在广义与狭义之分，狭义的环境经济学是从经济的角度出发，研究环境污染产生的原因，以实现对污染进行有效控制的途径。广义的环境经济学不仅包含了狭义环境经济学的内容，还将生态经济学和资源经济学的内容纳入其中，将城市生态系统与环境污染的关系结合起来进行综合考量，试图以经济学的方式寻找解决环境问题的方法；适当调节人类的生产活动，使之在资源环境承载力范围内，能够与物质的循环规律以及自然生态平衡相符，综合考量其带来的短期与长期效果，兼顾代内与代际的公平，实现人与自然的和谐发展。

环境经济学的研究重点：环境价值的评估；经济全球化趋势下的环境经济分析；新时代下，不同学科的融合与交叉，环境问题的空间性容易被忽略，结合各学科的综合研究，与空间维度有关的环境问题将会成为未来研究的重点问题、环境税是环境管理的重要一环，制定生态税能有效抑制各类环境问题的产生，以实现可持续发展；生态系统是一个复杂的系统，各子系统间相互作用、相互牵制，环境经济学通常采用定量分析的方法去衡量不同子系统间的相互作用力，如何均衡考虑各环境内部的相互作用，达到最优的效果。

4. 生态系统理论

生态系统理论源于生物学的概念，是社会工作的重要基础理论之一，它是由生态和系统两个理论结合产生的。生态学通常用来描述个体与周围环境之间的互动关系。系统是由部分所构成的整体，是由多个要素以特定的组合方式组成的具有整体功能的有机整体，具备部分不具备的优势，具有整体性和层次结构性的特征。

布朗芬布伦纳认为，个体并非是孤立的社会存在，而是处于一定的自然环境和社会环境中，与周围环境发生着千丝万缕的联系，通过与环境的相互依赖、相互作用，个体得以生存和发展，自然环境是人类发展的主要影响源。在布朗芬布伦纳看来，环境是"一组嵌套结构，每一个嵌套在下一个中，就像一套俄罗斯的嵌套娃娃一样"。在他看来，个体与其所处的环境的相互适应过程受各种环境之间的相互关系以及这些环境赖以存在的更大环境的影响（顾然等，2017）。

这一观点主要包括三方面的内容：第一，在环境中发展的个体不是由所处环境所任意塑造的"机械木偶"，而是一个不断发展变化并时时会对环境产生影响的动态生命；第二，人与环境之间的相互作用是交互的、双向的；第三，个体发展所处的环境不仅包括即时的环境，还包括各种环境之间的相互联系，以及这些环境所根植的更大环境。根据与个体发生作用的远近，布朗芬布伦纳把个体与周围环境之间相互联系而形成的系统划分为四种系统：微系统、中间系统、外层系统和宏系统。

在生态系统理论的视角下，人类被看作是通过与环境各种因素的相互作用来发展和适应的。社会工作试图通过对人与自然、社会环境间的功能失调的处理，来强化能力、整合治疗和改变问题。生态系统视角既考察内部因素，也考察外部因素，在这个视角下，人并不是被动地对所处的环境做出反应，而是主动地与这些环境相互作用。生态系统因此主张，要理解个人在家庭、团体、组织及社区中社会生活功能的发挥，则需由个人和其所在环境中的不同层次之间的关联系统切入。

5. 系统耦合理论

系统耦合最初来源于物理学概念，由于现阶段各学科的综合研究，这一名词开始被广泛应用于农业、生态学与地理学的研究中（董孝斌，2005）。在中国，任继周（1994）最先提出系统耦合的观点，认为系统耦合就是两个或两个以上具有相似性质、具有亲和趋势的生态系统在外界条件成熟时，结合为一个新的、高一级的结构功能体（任继周，1994）。人地协调发展是人类社会所共同追求的目标，脆弱性作为研究人地关系的重点问题，影响区域的协调发展。在 21 世纪全球化的大背景下，挖掘城镇化与生态环境耦合关系的脆弱性、协调性的宏观作用机制对于提高可持续发展能力具有重要的理论与实践价值。

在城镇化过程中，人口向城市大量转移，对资源进行开发，这一过程中与生态环境进行物质与能量的交换，即城镇化与生态环境之间的耦合关系，脆弱性与协调性是两者之间相互作用的主要特征（陈晓红等，2013）。人类活动对资源环境干扰，产生了诸如土地荒漠化、水土流失、滑坡泥石流等一系列自然灾害，反过来这种自然灾害又会对人类的生产生活产生影响，而人类又无法消除灾害对自身的影响，这种相互之间的影响即为城镇化与生态环境的脆弱性。协调性则是人类发挥其主观能动性，利用先进的科学技术不断调整人与自然的关系，减少两者之间的矛盾，以达到共同促进的目的。

城镇化与生态环境之间的相互作用关系受人为因素影响较大，自我调节能力较弱。因此，只有降低人为的干扰程度，对资源环境进行适度开发，才能降低城镇化与生态环境之间的脆弱性，协调发展。

6. 系统工程理论

系统工程理论是由我国著名科学家钱学森先生提出的，是一类新兴技术科学。它以运筹学、大系统理论和系统学为基础，从理论基础到应用实践，提出了一个较完整的现代科学技术的体系结构。这一新型技术科学体系旨在研究系统结构内部的普遍属性及运动规律，将数学定量方法与现时期流行的先进科学技术结合，在自然系统与社会经济系统之间起着"桥头堡"的作用。

系统工程理论除研究系统内部协同演化、控制的一般规律外，还涉及系统间复杂关系的形成法则、结构和功能的关系、有序和无序状态下所形成的一般规律以及系统仿真的基本原理（杨印生等，2009）。随着科学理论及实践研究的不断深入，这一理论被赋予了丰富的内涵，但由于其仍处于起步阶段，尚不成熟，加上学科的交叉，学者们对这一理论的研究存在着较大差异。

在实践应用中，为了能够对系统的本质加以区分，通常会对复杂的整体系统进行分类。系统工程理论根据系统内部的子系统以及子系统之间关系的复杂程度，将系统分成了简单系统和巨系统两类（章红宝，2005）。根据钱学森对复杂巨系统的界定，人类社会无论是在数量或种类上，还是各子系统之间的相互作用上，都属于一个复杂的巨系统。城镇化发展过程中与各环境要素之间有着复杂的作用关系，在研究两者之间的关系时，可以将其看作一个内部子系统间相互作用关系复杂的巨系统，处理时则需要用定性与定量相结合的综合集成法。

二、生态文明城市建设理论基础

生态文明的主旨就是人和自然达到一种动态的、和谐的发展状态，它不是凭空创造的，而是经过社会变迁而形成的产物，是社会文明达到一定高度的产物，是现代社会必须遵循的发展模式，是一种追求绿色经济质量的发展理念，也是人类进步的重要标志。

1. 可持续发展理论

可持续发展理论源于美国女生物学家莱切尔·卡逊（Rachel Carson，1962）发表的一部环境科普著作《寂静的春天》，理论的形成也经历了相当长的历史过程。可持续发展一词最早出现于 1980 年由国际自然保护同盟制订的《世界自然保护大纲》中，突出表现的是对资源的管理战略，是一个综合的动态概念。1987 年，联合国世界与环境发展委员会（WECD）发表了《我们共同的未来》，正式提出可持续发展概念，对人类发展的环境做出了全面的阐述，为可持续发展增添了新的内涵。1992 年联合国环境与发展大会上，把发展与环境联系起来的发展战略，得到与会者共识与普遍认同，可持续发展开始成为广大发达国家与发展中国家未来所要实现的共同目标。

可持续发展是从长远的角度看待人类的生存与发展，囊括了经济、社会、生态、科技等多方面的内容，强调可持续经济、可持续生态和可持续社会等多方面的协调和统一。要求人类在发展中促进经济效率、关注生态和谐和追求社会公平，最终达到人与社会的全面可持续发展，实现代内与代际的公平，保护人类的生存环境。研究表明，可持续发展是一个复杂巨系统，虽然源于对环境保护问题的重视，但作为 21 世纪的发展理论，将指导人类的走向。它已经不是单一的环境保护问题，而是在环境保护的基础上，寻找多要素之间合理发展的平衡节点，保证在城镇化过程中生态环境的齐头并进，将环境问题与发展问题有机地结合起来，成为了一个有关社会经济发展的全面性发展战略。

可持续发展理论是以经济学理论（增长极理论和知识经济理论）、可持续发展的生态学理论、人口承载力理论和人地系统理论作为基础理论，以资源永续利用、外部性理论、财富代际公平分配理论和三种生产理论为核心理论的综合性理论方法。可持续发展理论经历了从生存到发展，从发展到可持续发展的过程，其内涵得到了突破性的发展（牛文元，2012）。21 世纪以来，可持续发展理论内涵逐渐完善，也被赋予了新的主题：第一，可持续发展要始终保持经济的理性增长，与传统农耕时代经济的零增长与工业时代的经济过分增长相区分，这里强调的是经济健康增长，即地域在相应的发展阶段内，在资源环境条件的约束下，经济规模适当地增长，以满足人类的生存和发展需要。第二，科学技术是发展的制约因素，科技的进步能有效提高经济增长的质量。先进的科学技术推动优秀研究成果的形成，克服了经济发展过程中存在的技术性问题，对提高资源的利用效率及经济健康增长起着极大的推动作用，推动新财富内在本质的不断改善，降低了对生态环境的干扰程度。第三，严格控制人口数量，提高人口素质，平衡城镇化过程中与环境间所产生的问题。城市有其自身的环境承载能力，城镇化过程所产生的交通、水、土壤等环境污染问题，已超越了城市的环境承载能力。通过严格控制城市人口增长，提高人口素质，对缓解这一困境具有强大的作用力，因此，要将二者的关系处理在平衡点上，达到共同发展。

可持续发展秉承着不为了单纯的经济增长而以牺牲环境的容纳能力为代价，也不为了保护环境而使经济处于零增长的状态，其目的是寻找二者之间的平衡点，通过调整两者之间的矛盾，能够在经济效率提升的同时，注重对环境的保护。

2. 生态承载力理论

生态承载力理论主要由两部分组成，资源承载力是该理论的根基，环境承载力理论是生态承载力理论的重点部分。生态承载力理论是在人与自然系统关系研究基础上产生的，主要是为了限制人类活动的范围（陈端吕等，2005）。

资源环境承载力是指在一定的区域内，拥有的自然资源能承载的人口生存量和经济发展度。根据自然资源要素的分类，资源环境承载力又可以细化分为森林资源承载力、矿产资源承载力以及水资源承载力等。对于一个城市来说，各类自然要素承载力都是相辅相成的，人口生存承载量依据的是自然要素的短板。净承载力即环境的最大承受能力，是指环境为人类经济发展提供有限的能源资源，对人类的生产生活造成的环境污染具有一定程度的自净能力，当造成的环境污染超过其自净能力的时候，环境的自我修复系统就会失灵。

整体上来说，生态承载力是生态系统在正常自我修复功能运转的情况下能够承载的最大人口数量。根据生态承载力理论，在生态文明城市中，生态环境是载体，人是生态环境所养育的对象，两者只有相互依存、相互促进，才能实现可持续发展。生态文明城市建设必须在生态支撑的最大承受范围内，依据本区域内自然资源的实际拥有量来制定相应的发展政策，促进人与自然的和谐发展。

3. 低碳经济理论

在全球气候变暖的大背景下，人口规模与经济规模持续增长，能源资源的过度开发与使用带来酸雨、洪涝灾害、干旱、臭氧层空洞等一系列环境问题，大气中二氧化碳浓度提升带来的全球变暖日益严重，逐渐威胁着人类正常的生产生活。

2003 年，"低碳经济"一词最早出现在政府文件英国能源白皮书《我们能源的未来：创建低碳经济》中，并开始呼吁全球向低碳经济转型。国内很多学者致力于研究如何控制温室气体的排放，以此提出了低碳经济理论。低碳经济是依靠科学技术解决经济发展中出现的问题，从而实现绿色永续发展的目标（塔蒂安娜，2007）。其核心内容是低消耗、低污染、低排放，这也是生态文明城市建设的重要环节，所以城市生态文明建设必须将节能减排放在首位，为实现低碳经济的目标不断努力。发展低碳经济的目的：一方面是积极地承担环境保护这一责任，实现国家节能降耗指标的要求；另一方面是调整经济结构，以提高能源资源的利用效率，发展新型工业，建设具有本地区特色的生态文明城市。

21 世纪以来，世界各国逐渐认识到全球变化给人类带来的影响与危害，开始深入剖析自己在气候变化中所应负的责任，制定与本国相适应的政策措施，为全球实现节能减排的目标出一分力。英国作为世界上低碳的倡导者，在《我们未来的能源——创建低碳经济》中提出：到 2050 年，英国能源发展的总体目标是从根本上把英国变成一个低碳国家。日本本土资源贫乏，但工业生产与发展位于世界前列，对全球气候变化及生态环境有着极大的破坏作用。在《京都议定书》实行之后，日本开始着力于太阳能、光能、风能和潮汐能等清洁能源的开发，大力发展绿色可再生能源资源，通过不断强化有关低碳经济的政策措施，通过创新性地开发新能源、垃圾发电变废为宝等手段，积极推动低碳城市不断向前发展，使整个国家朝着低碳化目标不断努力，也为世界各国低碳城市的建设提供了理论与实践经验。2006 年底，我国科技部与中国气象局、国家发改委及国家环保总局等六部委联合发布了《气候变化国家评估报告》，是我国第一部有关气候变化的国家级评估报告，同时，也标志着气候变化开始被纳入正式国家范畴。此后，在习近平总书记和历任国家领导人的共同努力下，通过"发展低碳经济"、研发和推广"低碳能源技术""增加碳汇""促进碳吸收技术发展"，着重提出能源多元化发展，不再以煤炭为主，并将可再生能源发展正式列为国家能源发展战略的重要组成部分。此外，清华大学在国内率先正式成立低碳经济研究院，重点围绕低碳经济、政策及战略开展系统和深入的研究，为中国及全球经济和社会可持续发展出谋划策。在国家与国内各大高校的共同努力下，各组织机构不断研究部署应对气候变化工作，组织落实节能减排工作。

低碳经济的实现不仅关乎国家大计，更是与每一位公民息息相关。因此，要实现低碳经济的可持续发展，不仅要注重各社会机构在此过程中的作用，更要重视每一位公民所发挥的作用，让公民逐渐理解节能减排的意义及重要性，并采取实际行动，从小事做起，共同为低碳经济的发展做出努力。

4. 人地关系理论

人地关系理论自提出以来，一直是学界研究的热点问题，在新时代的发展过程中也被赋予了新的内涵。人地关系理论的本质是用来研究与人类有关的各种社会活动与地理环境之间的关系，随后被逐渐扩展为不仅用于描述人地之间的关系，也被用于描述人与人或人与社会之间的关系。一直以来，人类的生产生活都依托于特定的地理环境，随着人类社会的不断发展，人类为满足更高层次的物质需求，开始征服自然、改造自然，打破了原有生态系统的平衡。另外，地理环境在一定程度上反作用于人类的生产生活。人地关系理论是地理学基础理论研究的本质，对其内容及方法的研究不仅有利于深入了解人地之间更深层次的关系，更有助于解决在经济社会发展过程中所产生的一系列复杂的资源环境问题。

人地关系自人类起源以来就一直存在，随着经济社会的快速发展，对人地关系的认识也逐渐深化，开始从哲学领域向定量化方向转化。人地关系理论主要经历了四个阶段：第一阶段为地理环境决定论，其代表人物为德国地理学大师洪堡和李特尔。这一阶段生产力水平低且经济发展缓慢，人类的生存高度依赖于生态环境，对改造环境的能力较弱，生态环境虽然遭受到了一定的破坏，但并未对人类产生威胁。第二阶段为或然论，这一阶段的代表人物为法国维达尔·白兰士，他指出人与地之间是相互影响的，强调了人的主观能动性在人地关系中的作用。随着科学技术的发展，生产力水平有了极大的提升，开始大规模地改造自然，人类对环境的依赖性大大减弱，开始出现了水土流失、植被破坏和生物多样性减少等问题。第三阶段为协调论。20世纪，随着科学技术的进一步发展，生产力水平也得到了极大的提高，随着一系列环境问题的产生，环境污染、生态破坏问题日益突出，逐渐威胁到人类的生存，人类开始重视环境污染给人类所带来的反作用，环境问题因此也得到了普遍关注。第四阶段为可持续发展论。在可持续发展的概念被明确之后，人类开始一方面致力于寻求人与自然之间的协调发展方式，另一方面致力于寻求人与人之间的协调关系。以期在有限的资源、能源上，建立一种可持续发展方式，实现代内与代际相对公平的发展方式。

人地关系的协调在生态文明城市建设的过程中起着至关重要的作用，只有处理好这两者之间的关系，充分发挥人的主观能动性，才能充分利用现有空间，促进城镇化的可持续发展，实现人与自然的协调。

5. 生态环境的补偿机制

我国从国情及环境保护实际形势出发，建立了生态补偿机制，生态环境的补偿机制是为防止生态环境破坏，促进人与自然的和谐为目的的制度体制，以生态系统的服务价值、生态保护成本、发展机会成本等经济调节手段为基础，综合运用行政和市场手段，并以法律为保障建立新型环境管理制度，调整生态环境保护与经济建设过程中涉及的各方利益之间的关系，整治及恢复区域性生态环境污染。生态环境的补偿机制是一项具有激励作用的环境经济政策，有利于推进资源的可持续利用，是促进我国生态文明城市建设，加快环境友好型社会建设，贯彻落实科学发展观的重要举措。

生态环境补偿机制的建立原则为"谁开发谁保护，谁破坏谁恢复，谁受益谁补偿，谁污染谁付费"。生态环境补偿机制的本质在于生态系统服务功能的受益者对生态服务功能的提供者进行付费和补偿，而进行补偿的主体可以是政府，也可以是个体、企业或者区域。补偿的形式主要有政府补偿和市场化补偿两种途径（刘丽，2010）。生态环境补偿机制的重点领域主要有四个，分别为自然保护区的生态补偿、重要生态功能区的生态补偿、矿产资源开发的生态补偿、流域水环境保护的生态补偿。

党的十八大以来，国家对于生态环境补偿机制的实践力度逐渐加快，投入了大量的人力、物力及科学技术等，加大对生态环境补偿机制的支持力度，各省份从生态环境补偿机制的理论研究转向实践运用。十九大更是将完善生态环境补偿机制作为促进我国生态文明建设的重要举措。近些年来，虽然生态环境补偿机制在我国取得了相应进展，生态补偿机制已相当成熟，但仍存在着资金来源单一、生态补偿立法相对滞后、生态补偿实践在各区域及各领域之间发展程度的不平衡等难以避免的问题（吴东等，2019）。流域水环境保护的生态补偿是我国最早进行生态环境补偿机制的主要领域，至今发展也较为成熟。相反，由于条件的限制，我国在重要生态功能区的生态补偿中，对海洋和荒漠生态补偿的实践研究相对滞后。我国对于中西部地区的生态环境补偿机制的实践力度相较于东部明显缓慢，中西部地区分布着较大面积的荒漠等重点生态功能区，但目前对重要生态功能区的生态补偿的实践还不够深入。因此，我国需要进一步加强对薄弱领域的薄弱地区进行重点研究，改变传统补偿资金来源的单一渠道，这对于我国建设生态文明城市具有重要意义。

第三章
研究区域概况

第一节　西部民族地区城镇化的发展特点

西部地区一直以来就是我国少数民族生活的重要聚居地，是我国少数民族和民族自治地方最为集中的区域。西部民族地区主要包含了全国五个少数民族自治区及三个少数民族省，即内蒙古自治区、宁夏回族自治区、新疆维吾尔自治区、西藏自治区和广西壮族自治区、青海省、贵州省和云南省。

西部民族地区城镇化进程不同于我国东部及中部地区，其特殊性主要体现在：民族地区大多地处偏远地带，以少数民族群体聚居，且具有独特的人文、历史、资源禀赋、区位等特征。但目前由于人口流动、产业发展、自然环境等多方面因素发展不协调等，西部少数民族地区经济发展仍然不平衡，工业化进程缓慢的现状没有得到质的改变。

纵观民族地区城镇化的历史，民族地区的城镇化与政府的主导密不可分。由于民族地区不具备城镇化的各种优势条件，因此在与东部沿海地区及中部地区的竞争中处于不利地位。长期以来民族地区的人力、物力、资金等流向沿海发达地区，致使民族地区城镇化发展落后于中东部地区。综合分析，我国民族地区城镇化具有以下几个特点：

一、人口流动性大，人才外流明显

民族地区人口流动不仅与其经济社会发展高度相关，还与我国民族分布的宏观格局、边疆稳定和民族团结息息相关。

民族地区各省区流入人口的来源主要是邻近的地区，而且各省区流入人口的主要来源省区没有发生太大变化。民族地区的流入人口主要来自中西部地区。其中，四川、河南、甘肃、湖南四省是最主要的人口来源地。2000 年，这四省流入到民族地区的人口占民族地区总流入人口的比例为52.88%，其中四川一省的比例就接近 30%。到 2010 年，民族地区人口流入的总体空间分布变化不大，这四省流入到民族地区的人口占民族地区总流入人口的比例为 44.83%。不同的是，四川一股独大的情况稍有改变，河南、甘肃、湖南 3 个省的比例都有一定的上升。从个体情况来看，各省区的人口流入主要以邻近省区为主。其中，内蒙古、广西、贵州、云南、西藏、青海、宁夏 7 个省区，无论是 2000 年还是 2010 年，情况基本相似。

总体数量上民族地区人口流出主要指向以广东、浙江为代表的东部地区，但各省区的人口流出地不仅差异明显，而且变化也比较大。从人口流动的总体数量看，2000 年和 2010 年民族地区流动到广东的人口占总流出人口的比例分别为 55.40% 和 43.32%，流动到浙江的人口占其总流出人口的比例分别为 7.53% 和 18.04%，二者的比例之和均超过 60%。虽然如此，但从个体情况来看，民族地区各省区人口流出地的差异还是非常明显，除广西、贵州和云南有些相似之外（人口流出主要以广东或浙江为主）；内蒙古以山西和北京为主；西藏以四川为主；青海以新疆和甘肃为主；宁夏以新疆和内蒙古为主；新疆以四川和北京为主。除此之外，从 2000 年到 2010 年，民族地区各省区人口流出地的变化也比较大，除宁夏之外，其他 7 个省区人口流出地都发生了一定程度的改变。其中，有 5 个省区其排序第一的人口流出地发生了变化，有 6 个省区其排序第二的人口流出地发生了变化。

根据"六普"数据比较后发现，内蒙古自治区区内流动人口从 2010 年的 347.41 万人下降到 2015 年的 291.67 万人，也呈现出明显的下降趋势。"2015 年，1%人口抽样调查"数据表明，内蒙古流入人口最主要的来源地是山西、河北、陕西、黑龙江，来自这些地区的流动人口占跨自治区流入人口的 58.66%，表明跨自治区流入人口中有超过一半的人来自这 4 个省份。另外，从甘肃、河南流入内蒙古的流动人口也占到一定的比例，分别占跨自治区流入人口的 7.35% 和 5.88%。这充分说明，流入内蒙古的人口主要集中在相邻省份，流入人口的分布也具有比较明显的地缘特征。相比较而言，北京、天津、吉林、辽宁、宁夏等靠近或与内蒙古接壤的相关地区，流入内蒙古的人口相对较少，特别是北京和天津（段成荣等，2017）。

在西部地区的众多省市中，具有大专及以上文化程度的人口仅为 1500 万人左右，占西部总人口的百分比约为 5%，较全国低了 0.7 个百分点左右。近年来，西部大开发战略的进一步落实，为西部地区吸引了一些人才，这些人在西部从事金融和行政工作的比较多，很少有人从事生产方面的工作，并且大都在西部地区的城市，到农村工作的很少。目前，西部地区的人力资源还出现了滞涨的问题，在城市中有大量的大中专毕业生在寻找工作，而需要人才的广大乡村却无人问津，某种程度上存在人力资源的浪费现象，降低了资源的利用效率。人力资源的这种不均匀状态严重制约了西部经济的发展速度。

影响民族地区人口流入和人口流出的因素各不相同，经济增长、固定资产投资、人均土地资源、人口规模以及空间距离等因素对人口流入有明显的影响，而收入差距、固定资产投资以及人口规模等因素对人口流出有较大的影响（何立华，2017）。

二、经济发展水平滞后，城镇化水平较低

西部民族地区是贫困人口较为集中的区域，现阶段仍以劳动集约型的传统农业为主，以粮食生产为中心，坚持耕牧并举，农牧结合。以传统农业为主的生产方式决定了其经济发展受到多重因素的共同制约，经济基础相对薄弱。同时，也导致了西部民族地区的经济发展与东部发达地区的差距较为明显，尤其是在西部民族地区受地理位置和资源环境影响较大的区

域。在这一区域内，不仅分布有较多的贫困人口，而且经济收入也与周边地区存在较大差距，这种极大的不稳定因素对当地的社会安全产生了巨大的威胁。

2007 年西部民族地区人均 GDP 仅 13500 元，中部地区人均 GDP15000 元，东部地区 32699 元，人均 GDP 最低的西部民族地区与人均 GDP 最高的东部地区相比，仅仅只有东部的 41.4%。至 2018 年，东部、中部及西部民族地区的国内生产总值分别为 48.1 万亿元、1.93 万亿元、18.4 万亿元，人均地区生产总值年均增速分别为 7.2%、8.2% 和 8.5%。与东部地区相比，人均 GDP 由 2007 年的 41.4% 上升至 2018 年的 75.4%，与东部地区的差距在逐渐缩小（刘诗音，2018）。2017 年，西部民族地区所辖的八个省区在这场激烈的竞争中不断加快步伐，除内蒙古 GDP 增速为 4% 外，其余七省区增速均在 7.3% 以上，高于全国 6.9% 的水平，交通基础设施建设明显提速。另外，旅游业成长为支柱产业的趋势更明显，2017 年，云南接待游客 5.67 亿人次，旅游总收入达 6900 亿元；贵州旅游总收入 7116.81 亿元，同比增长 41.6%；西藏旅游总收入 379.37 亿元，同比增长 14.7%；内蒙古旅游总收入连续 7 年增长 20% 以上。

改革开放后，我国为扶植西部地区的经济发展，缩小东西部的经济差距，实施一系列开发政策，这对于西部地区的交通、水利、医疗等基础设施的改善都产生了积极的影响，虽然在一定程度上改善了西部地区居民的生产和生活条件，但仍然满足不了经济快速发展的需要。这种情况在贵州省表现得尤为突出，出于自然条件恶劣等原因，贵州省的铁路及公路运输能力较低，且缺水状况也十分严重。西部民族地区多以发展"三高"（高投入、高耗能、高排放）产业为主，万元 GDP 能耗远高于全国平均水平。由于受到高耗能产业的影响，西部地区的固体废弃物、废水、废气的排放量也因此升高，比东部地区平均高 2 倍左右。西部地区的 GDP 生产总值多由投资拉动，因为内生动力不足，使西部地区第三产业发展较为缓慢，就业压力也因此增大。另外，西部民族地区以生产资料为主，采掘和原材料工业占比大，而直接面向消费的产品生产较少。市场化速度较慢，国有企业的比重很高，私营企业和个体经济的比重较低，企业机制呆板，市场适应能力较弱，经济发展动力严重不足，导致了西部地区经济发展速度迟缓。

三、自然资源丰富，"资源诅咒"问题越来越严重

我国民族地区蕴藏着丰富的自然资源，森林蓄积量约占全国森林蓄积量的一半，草原面积占全国比重达 75%，水力蕴藏量占 66%。仅新疆境内就有面积约为 0.8 亿公顷的天然草场，占全国草场面积的 1/4。西藏自治区全区木材蓄积量居全国第 2 位。内蒙古稀土资源总量居世界之首。民族地区拥有的稀土、钾盐、镁、铬矿储量占全国 90% 以上，云母、盐矿储量占全国 80% 以上，汞、锡、锰、石棉、砷矿储量占全国 60% 以上，煤、铜、铅、锌、锑矿等储量也占到全国的 35% 以上。石油、天然气资源也很丰富，在全国地区占有量比重中有着明显的优势，比重分别达到 39% 和 87.5%。太阳能、风能等清洁能源尤其丰富，太阳能以西藏、新疆和内蒙古最为突出，平均日照时间达每年 2500~3500 小时；青藏高原、新疆及内蒙古地区每年平均风速达到 3 米/秒左右的天数有 200 天左右，风能资源异常丰富（夏连仲等，2002）。此外，旅游资源更是数不胜数。

在改革开放之前，民族地区的能源资源优势尚未得到充分发挥，随着社会制度体系的日渐完善，民族地区丰富的自然资源优势逐渐被开发，这不仅拉动着当地经济社会的向前发展，也为城镇化的发展提供了内在动力。同时，丰富的自然资源造就了民族地区大量资源型城市的出现，在内蒙古出现了一批像"草原钢城""稀土之都"的包头市，"乌金之海"的乌海市，以及高岭土储量占全国二分之一的鄂尔多斯市等资源型城市。而东南沿海地区凭借着优越的地理位置，实行对外开放，通过"引进来，走出去"等经济政策，大量引进外资，经济上实现了质的飞跃，推动着城镇化进程中新兴城镇化模式的产生。民族地区由于经济基础条件和动力不足，在市场竞争中缺乏充裕的生产发展资本，加之基础设施落后等条件的限制，使民族地区在这一阶段城镇化的发展中，逐渐落后于全国平均水平，从而使原来计划经济时期比较均衡的城镇化格局得以改变。

西部民族地区在自然资源方面虽然有着独特优势，但丰富的资源并没有给西部民族地区的发展带来可观的经济利益。这是因为在资源开发初期，由于机械设备老旧、技术条件落后等，多采取以单一采掘和原材料开

发为主的资源导向性战略，由此产生的环境污染、生态破坏、水土流失等问题使得西部民族地区内生增长能力基本消失，"资源诅咒"问题越来越严重。

四、政府政策支持是民族地区城镇化发展的直接动力

改革开放以后，我国为提高国际地位及自身的综合软实力，实行对外开放政策，各项经济政策均向东部地区倾斜，东部地区的经济也因此得到了快速发展。各类经济政策的实施虽然在一定程度上提高了全国的整体经济水平，但另一方面也逐渐拉大了东西部之间的经济差距。而且在市场经济条件下，西部地区由于投资少、资金少、资金积累速度慢，在与东部沿海地区的竞争中，仍处于劣势地位（田烨，2015）。民族地区的城镇化进程直接受益于相关政策的实施，经济的发展同样离不开政府的监督与引导。

近些年来，国家为了进一步促进民族地区的经济发展，不断加快重点基础设施建设，加强民族地区现代化综合交通运输体系建设，推进民族地区农田水利、农网改造和微电网、乡村道路、城乡供水、通信网络、商贸网点、物流配送、快递服务等设施建设，建设以人为核心、以民族文化为载体的新型城镇化，实施了一系列的政策和措施。例如，对口支援政策、西部大开发政策、"兴边富民行动"、重点扶持22个人口较少民族的发展政策等。

另外，随着我国进入全面建成小康社会决胜阶段，"一带一路"建设加快推进，区域协调有序发展，脱贫攻坚全面展开，民族地区奔小康行动深入实施，国家对民族地区、边疆地区、贫困地区全方位扶持力度不断加大，少数民族和民族地区面临难得的发展机遇。"十三五"时期加快少数民族和民族地区发展必须把握机遇，应对挑战，确保如期实现全面建成小康社会目标。

通过这些政策和措施的实施，以期为民族地区注入资金活力，加强地区的基础设施建设，推动工商业的发展，从而促进民族地区城镇化进程。

五、生态环境脆弱，自然灾害严重

西部民族地区作为我国的水源涵养区和生态屏障区，肩负着重要的生态保护责任。但西部民族地区由于地处偏远，且多属内陆边疆地区，多为山地、丘陵和沙漠，气候条件复杂，生态环境十分脆弱，黄河中上游与长江上游水土流失严重（何立华，2017）。

在内蒙古中西部地区和西北干旱区风沙灾害强烈，草原退化、沙化、土地盐碱化等各种问题越来越严重（李清源，2004）。在新疆地区，水土流失比例很高，经过长时间的治理，局部虽有所好转，但仍不容乐观，草场数量仍在锐减，产草量下降了30%左右，干旱、沙尘暴时常发生。在云南、贵州等西南省区，干旱、泥石流、滑坡等自然灾害频发。

进一步深入研究西部少数民族地区城镇化的特征及存在的问题，从人口、经济、社会和生态环境协调发展的角度，评价生态文明城市建设水平，探索生态文明城市建设的路径和对策显得尤为重要。

第二节　呼和浩特市概况

呼和浩特市现有9个旗县区，总面积17186平方千米，包括新城区、赛罕区、玉泉区、回民区、武川县、清水河县、和林格尔县、托克托县、土默特左旗。市辖区位于呼和浩特市中部偏东的核心区域，市域面积2083平方千米，由赛罕区、新城区、回民区和玉泉区四部分组成。市辖区北依大青山，东连蛮汗山，南接土默特平原，整体地势呈现出东高西低、北高南低的特征。区域年均降水量约400毫米，年平均气温6.8℃，属典型的温带大陆性气候，区内河流主要有大黑河、小黑河和扎达盖河等。

一、自然地理概况

呼和浩特市地处内蒙古自治区中部，阴山山脉中段，土默特平原中南部，北部和东南部为山地，南部和西南部为平原，平均海拔 1050 米。东与乌兰察布市凉城县、卓资县相连，南与山西省右玉县相接，西与鄂尔多斯市、包头市两市相连，是连接黄河的纽带，具有优越的地理位置。

呼和浩特市地处干旱半干旱区，属于典型的大陆性季风气候，四季分明，夏季短暂炎热，冬季寒冷漫长，春季多风，全年降雨少，每年雨季主要集中在 7~8 月。年均降雨量为 355.2~534.6 毫米，年均蒸发量为 1756~257 毫米，蒸发量远大于降雨量。大黑河与小黑河是区内的主要河流，流域面积为 1380.9 平方千米。特殊的土壤条件下，土壤质地多为砂土或砂质黏土，结构松散，自然气候独特，容易引发水土流失、干旱等自然灾害。研究区内拥有丰富的矿产资源、生物资源和光能资源。

呼和浩特市由于地势平坦，土壤肥力高，四季分明的地理优势，密集的水域网络，丰富的矿产资源等特点，为人口聚集提供了良好的条件，是呼和浩特市经济发展的重要保障。

二、社会经济概况

呼和浩特市作为内蒙古自治区的中心城市，历史悠久，有着丰富的文化底蕴，是以蒙古族为主，汉族人口为多数的内蒙古自治区的首府城市，是内蒙古的政治、经济、文化、教育和金融中心，是"呼包银"城市群和"呼包鄂"城市群的核心城市，是沿黄经济带的核心城市，是中蒙俄经济走廊、草原丝绸之路经济带的节点城市，优越的地理位置为其经济的快速发展提供了坚实的发展基础。近年来，国家投入了大量的资金与技术，扶贫开发、西部大开发战略和环渤海经济开发区等政策的相继出台，着力提升了呼和浩特市的综合实力，促进呼和浩特市的经济快速发展。

截至 2018 年底，呼和浩特市总人口 312.64 万，城镇人口约 218.32 万，占全市总人口的 69.83%，比 2017 年增加了 1.14 万，其中，市辖区人口 137.62 万。市内分布的少数民族有二十余种，共 34.62 万人，除蒙古族、回族、满族、达斡尔族外，还有少量鄂伦春族、鄂温克族、壮族等，多民族聚居形成了丰富的文化底蕴和鲜明的民族特色。

据统计，2018 年全市 GDP2903.5 亿元，比 2017 年增长 3.9%，高于全区平均水平。城镇居民人均可支配收入 46565 元，比 2017 年增长 7.0%。城镇常住居民人均生活消费支出 29988 元，比 2017 年增长 1.8%。2018 年第三产业占全市生产总值的 68.7%，第一、第二产业产值所占比例在逐年下降。

三、能源资源概况

2017 年呼和浩特市水资源总量达 10.55 亿立方米。光能资源丰富，日照充足，年日照时数达 2740.8 小时，无霜期 145 天，是全国太阳能高值区。大风日数较多，不利于生产生活。

呼和浩特市蕴藏着丰富的物产资源，动物种类与野生植物种类繁多，野生植物有 100 多种，动物种类 400 多种，其中，有十多种已被列入国家重点保护动物行列。2018 年全市农作物播种面积 45.75 万公顷，粮食总量达 155.3 万吨。牲畜存栏头数达 230.7 万头，比 2017 年下降了 4.4%。呼和浩特市北部的大青山拥有丰富的矿产资源，目前已探明的矿产资源约有 20 余种，以石墨、大理石、花岗岩、石棉等非金属为主，能源发展潜力巨大。

能源消费碳排放是碳排放的两大来源之一，2017 年呼和浩特市地区能源消费总量为 1649.4 万吨标准煤，比 2016 年增长了 6.9%。其中，规模以上工业企业原煤能源消费量 1467.93 万吨，占能源消费总量的 88.99%，同比 2015 年上升了 7.05 个百分点，占热力和电力能源消费总量的 20.12%、3.8%，原煤是呼和浩特市能源消费的主体力量。据统计，呼和浩特市 2015 年能源消费碳排放 858.8 万吨，与 2000 年相比，碳排放总量上升了约 747.90 万吨，以每年 49.86 万吨的速度快速增长。

2018 年呼和浩特市建成区面积 359.2 平方千米，城市建成区面积增长明显，加之城市人口的大量集聚，生产生活带来的环境污染日益加剧。2016 年工业产生的废水总量约 2339 万吨，废气 3512 万吨，固体废弃物 815 万吨，与 2015 年相比，三者总量均有所下降。近年来，呼和浩特市在二氧化碳排放问题上取得了突出的成绩，但仍存在着一些无法避免的问题：①城市建成区面积快速扩张，大肆占用其他具有碳吸收能力的土地类型。呼和浩特市近年来城镇化的快速发展，吸引了大量农村剩余劳动力向城市集中，城市建成区只有不断向外扩张，占用其他土地类型，才能弥补人口的集聚所带来的住房及交通压力。②主城区人口的过度集中，环境的自净能力已超越环境的承载力范围。加上其独特的地理环境，市区人口主要集中在位于核心地域的狭小地带内，人口的高度集中，导致了水资源、大气环境质量、交通等各种问题的产生，碳排放已远远超出了土地的碳吸收能力。

四、生态环境状况

呼和浩特市独特的气候特点，加之人为因素的作用，草原退化、荒漠化现象严重，传统的畜牧业生产受到了极大的威胁，牲畜头数和畜产品质量难以得到保障，牧民生活质量总体不高，且贫困人口较多；另外，广大农村地区也因土地退化、耕地质量下降等问题，农作物易遭受旱涝灾害影响，产量逐年下降。

1. 土地退化加剧

1949 年大青山地区牲畜总量为 64000 头，天然草场地面积 63000 公顷，每公顷载畜量为 2.6 羊单位，天然草场的产草量能够满足牲畜所需，且能使自身不受破坏，草场地恢复能力强。20 世纪 80 年代后为满足经济需求，牲畜总量迅速增加，1982 年严重退化草场达 67%。2010 年畜牧业总产值 113.67 亿元，占呼和浩特市农林牧渔业总产值的 70% 左右，2011 年畜牧业增加值为 71.13 亿元。适当放牧有利于草场的恢复，草地上牲畜的载畜量过高，过度放牧使草地的生产力下降，导致了草场地不断退化，土地退化、沙化等问题日益严重。粗犷的农业耕作方式，不合理的土地利用方式，草场超载，加上牲畜数量激增，加剧了土地的退化。

2. 水土流失严重

呼和浩特市是我国北方半农半牧区的主要分布地区，大部分农区和半农半牧区地形不平坦，没有灌溉条件，农牧民大多靠天吃饭。加之土质松软、植被裸露，水土流失比较严重。水土流失和生态退化使农民长期处于贫困之中, 人地矛盾日益加剧。另外, 旅游业的兴起虽然带来了可观的经济效益, 但引起了新一轮的生态危机, 游客对草原的践踏, 使土壤的孔隙度逐渐缩小, 导致土壤的质地变硬, 影响地表径流与地下径流流量, 抑制植被生长, 导致了水土问题的产生。

3. 环境污染加剧

城市及工矿区环境污染比较严重。"三废"排放、汽车尾气、建筑粉尘以及周边地表裸露导致的空气污染都使城市及工矿密集区的环境受到了不同程度的污染; 这也对周边农牧区的生产生活带来了干扰和困惑。生态环境的退化和人地矛盾在不断加剧。

第三节 呼和浩特市生态文明城市建设的必要性、优越性及代表性

一、呼和浩特市生态文明城市建设的必要性

目前, 呼和浩特市的经济增长方式仍处在典型的工业发展阶段, 资源消耗大, 污染排放高, 产出效率低。国家强调转变经济发展方式, 由粗放型向集约型转变。呼和浩特市为国家承担着打造美丽边疆和北方生态屏障的重任, 故无论从国家层面还是自身发展层面, 都要求呼和浩特市加快转变经济发展方式, 调整产业结构, 建设生态文明城市。但如何尽快完成并且达到国家生态文明城市标准, 是目前呼和浩特市的首要难题。自党的十七大将生态文明写进政府工作报告, 党的十九大又提出生态文明建设的新论断, 要不断加快生态体制改革, 建设美丽中国, 各省市需依据各自的实际情况, 制定出适合本区域发展的生态效益路径。目前, 呼和浩特市积极响应国家政策, 创建适合自身发展的新的生产生活方式, 进行城市生态文明建设和经济可持续发展建设, 二者相辅相成, 相互促进。

二、呼和浩特市生态文明城市建设的优越性

现阶段，呼和浩特市的经济增长速度高于全国平均水平，为生态建设和建成小康社会提供了经济动力；在国家将生态文明建设提到全局高度后，呼和浩特市努力打造生态文明城市，为可持续发展提供了基础。除此之外，呼和浩特市独特的地理优势，以及在中蒙俄经济走廊及环渤海经济圈的建设和带动下，逐渐向绿色生产、生活方式转变，生态和经济朝着既实现经济的中高速发展，又实现良好的生态建设的方向发展。呼和浩特市要坚持生态和经济平衡发展的原则，追求绿色 GDP 的高速增长，由高污染、高排放的生产方式向绿色生产方式转变，加大清洁能源的使用率，提高科技投入。这不仅对呼和浩特市自身的发展有重要意义，而且对打造全国北方绿色生态屏障有着举足轻重的作用。

三、呼和浩特市生态文明城市建设具有一定的代表性

本书选取呼和浩特市作为城市生态文明建设的研究对象，具有一定的代表性，并且在打造生态文明城市的道路上取得了一定的进展。但从整体上来说，距离国家的生态文明城市还有一定的差距。

选取呼和浩特市的主要依据：呼和浩特市作为农牧业大市，第一产业占 GDP 比重较大，第三产业所占比重虽然有所提升，但是第三产业还存在结构度低和现代新型产业少的特点；内蒙古资源丰富，但资源消耗严重，已经呈现出资源匮乏的趋势，所以长期形成的粗放式发展模式已经不适合今后的发展方向；呼和浩特市作为西部民族地区的省会城市，整合了我国西部省市的发展特点，具有一定的代表性；同时，呼和浩特市产业结构不合理，新兴产业比重低，经济增长方式粗放，迫切需要加快建设生态文明城市，寻求一条适合呼和浩特市自身的经济和生态良性循环道路，这不仅能为内蒙古自治区的生态建设积累经验，也为西部其他省市提供了方法借鉴。

第四章
呼和浩特市城镇化发展现状及动态变化

第一节 人口城镇化

人口城镇化是农村人口向城镇不断聚集，并逐渐转化为城镇人口的过程，这一过程伴随着城镇人口数量及比例的不断增加。一方面，人口城镇化既是乡村人口推动城镇工业化发展的过程，又是城镇工业化加速农村人口与非农业产业向城镇聚集的过程，形成了城镇化发展的源动力；另一方面，人口城镇化在带动工业产业和人们生活质量提高的过程中，难免产生大量的环境废弃物，这不仅影响环境质量，而且在一定程度上也影响城镇化的进一步发展。

黄河东（2017）通过利用中国 31 个省份的面板数据建立了计量模型，在对中国省际城镇化与环境污染之间关系的实证研究中发现，人口城镇化与环境污染呈反 N 型曲线关系（黄河东，2017）；王兴杰、谢高地等（2015）通过研究经济增长和人口集聚对城市环境空气质量的影响得出：工业化、城镇化的快速发展使得城镇人口密度不断增加，制造业废气排放量已超出环境的自净能力，导致环境空气质量明显下降；侯培、李超等（2015）对重庆市 2001~2012 年城镇化与生态环境互动关系协调度的研究发现，人口城镇化、经济城镇化等均对环境造成一定程度的影响，而城镇化发展强度与生态环境保护程度应相匹配；徐丽娜（2016）对山西省城镇化进程中碳排放影响因素及变化趋势进行了研究，研究表明：人口对碳排放量的驱动作用等的相关直接弹性系数值较大，且在间接弹性作用下，人口每增长 1%，碳排放量相应增长 1.121%。

一、呼和浩特市人口概况

呼和浩特市地处阴山山脉中段，土默特平原的中南部，平均海拔 1050 米，是内蒙古自治区政治、经济、文化交流的中心。截至 2018 年末，呼和浩特市常住人口为 312.6 万，比 2017 年增加 1.1 万人。其中，城镇人口 218.3 万，乡村人口 94.3 万，户籍人口 245.8 万，出生人口 2.6 万，死亡人口 1.6 万。2016 年呼和浩特市流入人口占总人口的 48.6%，为 2006 年流入人口的 1.67 倍。呼和浩特市人口发展特征为总人口数量呈增长趋势，但平均增长量呈负增长趋势，且出现低出生、低死亡、低增长的"三低"模式。2006~2018 年，12 年间市辖区人口增加了 58.36 万，而旗县减少了 7.89 万。人口主要集中分布在经济发展状况较好，且城市环境建设较好的地区，相反，经济发展相对落后、交通不便的偏远地区人口较少，人口布局呈现出明显的不均衡态势。近年来，呼和浩特市第一产业从业人员数量逐年减少，第二、第三产业从业人员数量则持续增加，且第二、第三产业从业人员占比明显高于第一产业从业人员占比。

二、呼和浩特市人口城镇化现状及变化趋势

2000~2018 年呼和浩特市人口总量整体呈上升趋势，2000 年总人口 2091654 人，2018 年增加到 3126000 人，18 年增加了近 103 万人。但相对 2000 年第五次人口普遍调查，呼和浩特市人口增长速度已经得到了有效的缓解。如表 4-1 所示，呼和浩特市总人口呈缓慢上升趋势，但年平均增长率呈现出逐年下降趋势，第六次人口普查与第五次人口普查相比增长速度降低了 39%。呼和浩特市人口增长模式已经呈现出低出生、低死亡、低增长的"三低"模式，造成人口增长、人口自然增长率下降的主要原因是人口出生率的降低，而出生率的下降主要是由于育龄妇女生育水平的降低。第六次人口普查数据显示，呼和浩特市总和生育率为 0.8，明显低于更替

水平值3.10，该数值表示，呼和浩特市人口负增长趋势开始显现。人口数量的减少，将导致劳动力的减少，经济社会的收益下降，人均社会负担的增加，最终会对社会经济发展产生较大压力。

呼和浩特市城镇人口规模不断扩大，城镇化率逐渐提升。2000年呼和浩特市城镇化率为44.42%，2018年上升至69.83%，见表4-1。大批中青年离开农村，长期外出务工和经商，导致城市小户型家庭增多，农村老人、小孩留守。乡村人口流向城市的速度进一步提高，城镇人口的快速增加使呼和浩特市人口规模不断扩大，人口城镇化速度加快。但在不同地区，人口分布极度不均衡。在表4-2中，呼和浩特市市辖区人口在过去17年增加了33.40万，旗县增加了5.25万，市辖区的人口总数增长速度明显快于旗县的增长速度。在九个旗县区，新城区和赛罕区人口较多，增长速度较快，经济比较发达，城市环境较好；而经济发展落后的山区地带，人口基数较少，人口流动规模不大。

表4-1　2000~2018年呼和浩特市人口城镇化率

年份	城镇人口总数（人）	总人口数（人）	人口城镇化率（%）
2000	929066	2091654	44.42
2001	959232	2118338	45.28
2002	970218	2134542	45.45
2003	978063	2138853	45.73
2004	978596	2147453	45.57
2005	980639	2134887	45.93
2006	1001234	2158051	46.4
2007	1031576	2208462	46.71
2008	1055450	2242876	47.06
2009	1080060	2273675	47.5
2010	1100888	2295569	47.96
2011	1118315	2322563	48.15

续表

年份	城镇人口总数（人）	总人口数（人）	人口城镇化率（%）
2012	1143476	2303215	49.65
2013	1167053	2339597	49.88
2014	1194422	2379827	50.19
2015	1307214	2385832	54.79
2016	1502551	2409689	62.35
2017	1536193	2428516	63.25
2018	2183000	3126000	69.83

资料来源：《呼和浩特市统计年鉴》。

表4-2 2000年和2017年呼和浩特市分旗县区人口变动情况

单位：万人

地区	2000年	2017年	2017年比2000年增加
呼和浩特市	209.16	242.56	33.4
市辖区	106.27	134.71	28.44
新城区	30.76	40.56	9.80
回民区	21.91	23.75	1.84
玉泉区	18.73	20.25	1.52
赛罕区	34.87	50.16	15.29
旗县	102.89	108.14	5.25
土左旗	34.40	36.26	1.86
托县	19.03	20.23	1.20
和林县	18.87	20.26	1.39
清水河县	13.48	14.20	0.72
武川县	17.11	17.20	0.09

资料来源：呼和浩特市统计局。

第二节　经济城镇化

一、国内生产总值的变化

自 2000 年西部大开发正式开始以来，呼和浩特市得到了飞速发展，经济实现了新一轮飞跃。在这期间，地区总产值由 2000 年的 199.9 亿元增至 2017 年的 2743.72 亿元，增长 13.73 倍。经济总量和全国其他城市比较虽然不算高，但呼和浩特市的经济增速在全国范围内名列前茅。2000 年呼和浩特市人均生产总值为 9554.07 元，至 2017 年人均生产总值为 88087 元。2000~2017 年呼和浩特市生产总值年均增长率为 18.26%，人均生产总值年均增长率为 15.98%。GDP 年均增长率和人均增长率总体上呈现下降趋势，以 2005 年为节点，2000~2005 年增长率达到最大值，之后开始下降，经济发展速度在逐渐放缓。如图 4-1 所示：

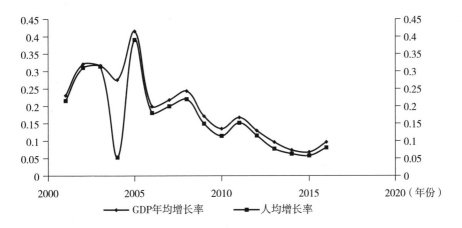

图 4-1　呼和浩特市 GDP 年均增长率及人均增长率变化

二、产业结构的变化

在地区生产总值不断攀升的背景下，呼和浩特市三次产业产值在1991~2015年均呈上升趋势。进一步将呼和浩特市三次产业产值以各产业生产总值指数换算，使各年度产值具有可比性。从图4-2中可以了解到，1999年之前，三次产业产值处于较低的水平，自2000年起，第二、第三产业产值增长速率加快，增长轨迹陡峭爬升。相较之下，呼和浩特市第一产业产值增长速率较为缓和。对比2015年与1991年数据，三次产业产值增长依次为118.2亿元、853.8亿元、2072.7亿元；增长倍数分别为19.3倍、57.2倍、140.1倍。

在产业结构的变动上，总体来看，呼和浩特市第一、第二产业比例逐年走低，与此同时，第三产业的比重逐年增加，见图4-3。1991~1995年，三次产业比值此增彼减，略有波动，第二产业产值在1993年以50.23%的比重居于首位。然而这个数值在其后的第三年回落至41.28%，1997年，这一比重值被第三产业超越。此后，第二产业份额除在2005年略有增长之外，其余年份均变动不大。而第一产业产值比重自1996年达到最高值18.27%后，随即逐年降低，至2016年，下降至研究时段的最低值3.58%。呼和浩特市第三产业产值比重虽然在逐年上升，但在发展过程中仍存在着难以避免的问题，第三产业中高新技术产业以及现代服务业发展相对滞后，与发达地区存在着较大差距。同时，在第一、第二产业中，农业与工业的发展也出现了较多问题，农业所占地区生产总值的比例过低，2011年之后工业产值比重在急剧下降。呼和浩特市耕地面积虽然在缩减，但基本保持在56万公顷这一临界值，耕地面积占呼和浩特市总面积的32%以上，农业产值在11%以下，农业的现代化水平严重抑制了呼和浩特市城镇化的进程。另外，由于投入产出比小、生产周期长的第一产业比重降低，释放了大量农村剩余劳动力转移到第二产业及第三产业，推动第二、第三产业生产部门的发展，有利于其扩大生产规模、开发生产技术、提高生产效率。经过二十多年的发展，呼和浩特市产业结构不断向集约化、现代化、合理化转化。从第二、第三产业产值快速增长，第一产业比重下降、第三产业比重快速上升可看出，呼和浩特市经济城镇化趋势明显，速度较快。

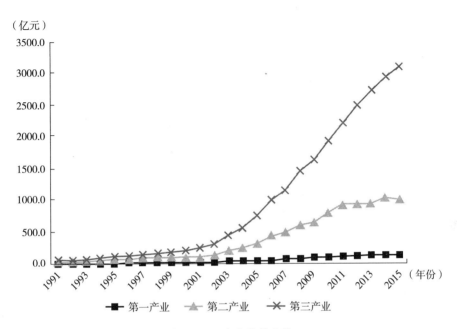

图4-2　三次产业总产值

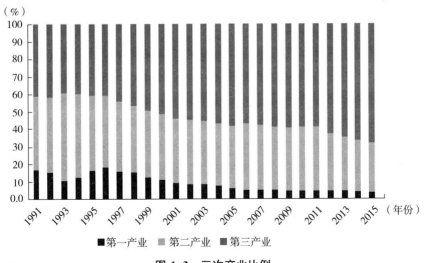

图4-3　三次产业比例

通过对呼和浩特市自然环境和社会经济发展概况的研究发现，随着经济的快速增长和产业结构的转变，人类对能源的需求激增，对能源的开发力度越来越大。在利益的驱动下，一些企业开始使用各种手段，采用不成熟的生产技术，粗放型的生产方式，对能源资源进行大规模开发，这种不合理的生产模式是以牺牲环境为代价，追求经济利益的最大化。党的十九大报告指出，我国经济已由高速增长阶段转向高质量发展阶段。呼和浩特市应改变传统的、以资源大量消耗为代价的发展模式，在先进技术的指导下，改革创新资源开发技术，将三高型（高能耗、高污染、高排放）发展模式逐渐向三低型过渡，以较低的能源消耗产出较高的经济效益。

第三节　土地城镇化

本书数据来源于欧洲航天局提供的空间分辨率为 300 米的土地利用栅格数据。根据标准化管理委员会 2007 年颁布的《土地利用现状分类》（GB/T 21010—2007）和中科院资源环境信息数据库的土地利用/土地覆被标准，及呼和浩特土地利用特点，将数据源合并为耕地、林地、草地、水域、城市用地和其他土地六个类型进行研究，对比分析呼和浩特市域和市区不同时间段的土地利用情况。

一、市域土地利用变化

呼和浩特市总土地面积为 18563.47 平方千米，不同时期土地利用状况如表 4-3 所示。呼和浩特市各土地利用结构在近 20 年间发生了一定的变化，土地利用类型主要以草地为主，占总面积的近 72%；其次为耕地，占总土地面积的 19.6%；水域和林地面积较小。耕地主要分布在南部的清水河县和和林格尔县；其他土地主要分布在北部的武川县；城市用地分布在市四区。

表4-3 呼和浩特市不同时期各土地类型的面积

土地利用类型		耕地	林地	草地	水域	城市用地	其他土地	总计
1995年	面积（平方千米）	3467.16	111.41	13339.84	32.46	69.62	1542.99	18563.47
	所占百分比（%）	18.68	0.6	71.86	0.17	0.38	8.31	100
2000年	面积（平方千米）	3728.16	117.84	13292.88	37	74.4	1313.2	18563.47
	所占百分比（%）	20.08	0.63	71.61	0.20	0.40	7.07	100
2005年	面积（平方千米）	3716.87	130.77	13347.29	36.93	226.5	1105.13	18563.47
	所占百分比（%）	20.02	0.7	71.90	0.2	1.22	5.95	100
2010年	面积（平方千米）	3672.57	139.24	13290.84	36.93	335.63	1088.27	18563.47
	所占百分比（%）	19.78	0.75	71.60	0.20	1.81	5.86	100
2015年	面积（平方千米）	3638.62	141.98	13306.99	37	412.07	1026.8	18563.47
	所占百分比（%）	19.6	0.76	71.68	0.20	2.22	5.53	100

资料来源：遥感影像解译数据。

1. 土地利用类型数量变化

由表4-3可知，呼和浩特市耕地呈先增加后减少趋势，1995~2000年耕地共增加了260.99平方千米，2000~2015年逐年减少；林地和城市用地面积在逐年增加，20年间分别增加了30.58平方千米和342.45平方千米，平均年变化率为1.37%和24.59%；草地和水域面积变化不明显，其他土地利用类型呈逐年减少趋势，20年间共减少了516.19平方千米，平均年变化率为1.67%。总之，呼和浩特市1995~2015年其他土地利用面积减少最大，城市用地增加年变化率最大，水域和草地面积变化相对较小。

2. 城市用地数量变化趋势

呼和浩特市城市用地面积由1995年的69.62平方千米增加到2015年的412.07平方千米，2015年的城市用地面积为1995年的5.92倍。呼和浩特市城市用地面积20年共增加了342.45平方千米，平均年增长率为24.59%，其余土地利用类型平均年变化率不到2%。在不同时期城市用地面积变化中，1995~2000年城市用地增长面积相对较少；2000~2005年和2005~2010年面积增加最多，分别增加了152.10平方千米和109.13平方千米，2000~2005年的年均增长率为40.89%。2010~2015年城市用地增加76.44平方千米，增速有所放缓。总体上，呼和浩特市城市用地面积在近20余年里一直处于不断增加状态，土地城镇化趋势明显。尤其从2000年开始城市扩张速度明显加快，城市用地出现成倍增长态势，近几年有所减慢。

表4-4　呼和浩特市不同时期土地利用变化率情况

土地利用类型		耕地	林地	草地	水域	城市用地	其他土地
1995~2000年	增加值（平方千米）	260.99	6.43	-46.96	4.55	4.78	-229.79
	年变化率（%）	1.51	1.15	-0.07	2.80	1.37	-2.98
2000~2005年	增加值（平方千米）	-11.29	12.94	54.41	-0.08	152.10	-208.07
	年变化率（%）	-0.06	2.20	0.08	-0.04	40.89	-3.17
2005~2010年	增加值（平方千米）	-44.30	8.47	-56.45	0.00	109.13	-16.86
	年变化率（%）	-0.24	1.29	-0.08	0.00	9.64	-0.31

土地利用类型		耕地	林地	草地	水域	城市用地	其他土地
2010~2015年	增加值（平方千米）	-33.95	2.74	16.15	0.08	76.44	-61.47
	年变化率（%）	0.00	0.00	0.00	0.00	0.00	0.00
1995~2015年	增加值（平方千米）	171.46	30.58	-32.85	4.55	342.45	-516.19
	年变化率（%）	0.25	1.37	-0.01	0.70	24.59	-1.67

资料来源：遥感影像解译数据。

3. 城市用地空间变化分析

随着人口的增加、经济的发展和工业区向南搬迁，工业用地和住宅用地等向外扩张，1995 年以来，呼和浩特市城市用地空间变化明显。尤其从 2000 年以来，呼和浩特市的城市用地明显呈向外扩张趋势，主要向东南、南、西南和东北方向扩展，且速度比较快。

二、市辖区土地利用变化

1. 市辖区土地利用类型分布及面积变化

利用 ArcGIS 10.2 软件对呼和浩特市主城区四个时段的遥感影像（分辨率为 30 米）进行目视解译。

图 4-4 为 1990~2016 年呼和浩特市市辖区的土地利用类型面积变化情况，从市辖区目视解译遥感影像上看，其独特的地形对各土地利用类型的分布起着主导作用，林地主要分布在北部大青山；草地主要分布在北部和东部边缘地带；水域主要由流经东部和中部的大黑河、小黑河和东河组成；建设用地主要分布于城区中间地带，从西部逐渐向东部扩张；耕地分布于城市的东部与南部，围绕水域呈集中分布状态；未利用土地主要分布在东部和东南部。

1990~2016 年，市辖区总面积为 2083 平方千米，耕地、草地、水域和未利用土地面积均呈下降趋势，林地和建设用地面积呈快速上升趋势，建设用地由西向东快速扩张，面积不断增加，占比从 5.63% 上升到 21.92%，相比 1990 年建设用地面积增加了 16.3%，林地总面积增加了 2.1%。耕

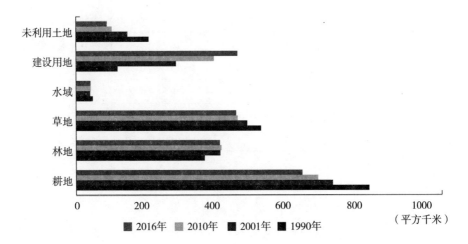

图4-4 1990~2016年呼和浩特市市辖区土地利用类型面积变化

地和未利用土地在1990~2001年面积迅速减少，2001年之后速率逐年降低，保持在平稳水平。水域面积基本保持在原有分布水平，没有较大变化。

表4-5 1990~2016年呼和浩特市市辖区土地利用转移矩阵

单位：平方千米

1990年 / 2016年	耕地	林地	草地	水域	建设用地	未利用土地	总计	增加面积
耕地	544	2	17	3		73	639	95
林地	4	343	53	1		6	407	64
草地	9	15	416	1		12	453	37
水域	1		1	38			40	2
建设用地	261	3	22	4	117	50	457	340
未利用土地	8		14	1		64	87	23
总计	827	363	523	48	117	205	2083	
减少面积	283	20	107	10	0	141		561

表4-5为市辖区1990~2016年土地利用转移矩阵，从整体上来看，耕地和草地面积缩小较大，分别减少了283平方千米和107平方千米，其次为林地和未利用土地、水域、建设用地面积没有明显变化。在土地利用类型的扩张中，建设用地面积增长速度较快，1990~2016年增加了340平方千米，水域面积没有较大变化。

市辖区土地26年总体变化面积为561平方千米，耕地、林地、草地等6类以65.78%、94.49%、79.54%、79.17%、100%和31.22%保持为原有类型，土地利用类型之间的转换较为剧烈。1990~2016年耕地减少了95平方千米，其中31.56%转换为建设用地，其次为草地和未利用土地；林地类型总面积变化幅度较小，94.49%仍保持原有类型，4.13%转化为草地，转为其他用地类型面积较小；草地79.54%为原有类型，主要向林地转换，转换面积为53平方千米；水域79.17%保持为原有类型，主要转换为建设用地（8.33%）和耕地（6.25%）；未利用土地变化较为明显，31.22%面积保持为原类型不变，大面积向耕地、建设用地和草地转换，转为林地的较少。总的来说，在过去26年间，建设用地面积增长幅度最为明显，总面积较1990年相比增加了340平方千米，主要从耕地、未利用土地和草地转换而来。

2. 土地利用动态度

土地利用动态度是用来衡量土地利用类型的变化幅度与变化速度的指标，在一定程度上反映了区域内土地利用变化的剧烈程度（许玉凤等，2018）。对衡量土地利用类型空间格局的变化、反映区域差异、预测土地利用类型未来的变化趋势具有重要的意义（孔君洽等，2018；许茜等，2018）。单一土地利用动态度可表示如下：

$$K = \frac{U_a - U_b}{U_a} \times \frac{1}{T} \times 100\% \qquad (4-1)$$

其中，K为T时段内某一土地利用类型的动态度，U_a、U_b分别表示研究初期和末期某一土地利用类型的面积，T为研究时段。当K值小于0时，表示面积增加，反之，则减少。

表4-6 1990~2016 年呼和浩特市市辖区土地利用动态度变化

单位：公顷

	1990~2001年	动态度（%）	2001~2010年	动态度（%）	2010~2016年	动态度（%）	1990~2016年	动态度（%）
耕地	-102.8974	0.1244	-41.5613	0.0574	-43.5780	0.0638	-188.0367	0.2274
林地	44.3813	-0.1220	3.4140	-0.0084	-4.5535	0.0111	43.2418	-0.1189
草地	-39.2312	0.0750	-26.8568	0.0555	-4.2250	0.0092	-70.3129	0.1344
水域	-7.4008	0.1595	1.4912	-0.0382	-0.4900	0.0121	-6.3996	0.1379
建设用地	165.4581	-1.4103	108.0804	-0.3822	66.1424	-0.1692	339.6808	-2.8954
未利用土地	-59.9714	0.2919	-44.5675	0.3063	-13.9295	0.1380	-118.4684	0.5766

表4-6 为市辖区 1990~2016 年土地利用动态度的变化情况，整体上来看，林地和建设用地呈现出明显的扩张趋势，且建设用地动态度出现了较大负值，在三个时段内，动态度均于 1990~2001 年达到峰值状态；耕地、草地、水域和未利用土地呈正值，耕地和未利用土地动态度正值较大，土地面积急剧减少。

第四节 本章小结

受国家政策、地理位置、自然条件、社会经济发展和生态环境等因素的影响，呼和浩特市的城镇化趋势明显。

呼和浩特市城镇化速率逐渐加快。人口城镇化率快速增加，2018 年达到 69.83%，从地区结构上来讲，市辖区的城镇化水平明显高于旗县。经济城镇化速度较快，但地区生产总值增速开始减缓，三次产业中第一、第二产业比重逐年走低，第三产业的比重显著增加。土地城镇化时空变化明显，尤其从 2000 年以后，城市用地面积快速增加，且主要向东南、南、西南和东北方向扩张。

　　市辖区建设用地主要分布于中心地带，从西部逐渐向东、南、东南部扩张，土地利用类型之间的转换较为剧烈，林地和建设用地呈现出明显的扩张趋势，动态度较大，建设用地面积增长幅度最明显，占用了大量耕地和未利用土地。

第五章
呼和浩特市城镇化与环境污染

近年来，随着呼和浩特市城镇化进程的推进，人口、经济集聚效应增强。其中，城镇化与环境污染之间的矛盾日渐加剧。因而，对呼和浩特市城镇化与环境污染之间的关系进行研究很有必要。本书通过对呼和浩特市人口、经济、土地城镇化与废弃物排放量进行曲线拟合，并对拟合结果及其形成原因进行分析说明。

选取呼和浩特市 2000~2015 年城镇化相关指标与环境废弃物排放指标进行曲线拟合，分析两者之间的相关关系。其中，环境废弃物指标以工业废水排放量 Y1、工业废气排放量 Y2、工业固体废弃物产生量 Y3、生活污水排放量 Y4、生活垃圾清运量 Y5 表征；人口城镇化以总人口数、非农业人口数指标表征；经济城镇化分为三种情况，分别为三次产业发展与工业"三废"排放、产业发展与城乡居民收入、居民消费与城市废弃物，来展现经济城镇化与环境污染之间的关系；土地城镇化中以城市用地占比表征土地城镇化水平。

第一节　呼和浩特市环境库兹涅茨曲线

自改革开放以来，中国经济以高速稳定持续增长。"十五"期间，我国 GDP 年均增长率为 9.6%，"十一五"期间为 11.2%。然而在 GDP 总量持续提高，人民生活质量不断提高的同时，围绕经济发展质量所提出的质疑也日渐增多，讨论的焦点主要在于经济发展所带来的资源消耗与环境污染。近年来，大量学者分别使用不同的方法对经济与资源环境之间的关系进行定性与定量分析，由美国经济学家 Grossman 和 Krueger 在 1991 年提出的环境库兹涅茨曲线在分析过程当中被大量应用，环境库兹涅茨曲线描述的是环境质量与人均收入之间的关系，环境质量初始随人均收入的增加而恶化，但当收入达到一定的水平之后，随其增加，环境质量开始有所好转，体现在图像上为"倒 U 型曲线"（Grossman G 等，1995）。吴玉萍等（2002）分析北京市经济因子与环境因子的相互关系，得出了北京市已进入经济与环境协调发展的阶段；陈兴鹏等（2005）对兰州市经济发展与水污染以及在污染之间的关系进行探究，发现兰州市经济发展与环境污染之间的关系基本呈倒 U 型关系；蔡之兵等（2012）运用 1999~2009 年的面板数据，对江苏省各市 GDP 增长与环境污染之间的关系进行研究，结果发现并无特定规律；张昭利、任荣明等（2012）研究了除西藏外，我国 30 个省份的城市二氧化碳大气含量与经济增长之间的关系，结果显示两者之间的关系呈 N 型。

一、指标的选取与处理

指标的选择主要遵循三个原则：有效性、客观性、可取性。所选用指标需要满足前后统计口径一致，能够体现其所表征经济变量，指标数据真实有效等条件。基于以上要求，本书选用工业废水排放量、工业废气排放量与工业固体废弃物排放量表征环境污染情况；选取年人均 GDP 表征呼和浩特市经济增长，并将各年份 GDP 值以 1991 年为基期换算成为具有可比性的实际 GDP，换算公式：呼和浩特市实际 GDP = 名义 GDP/1991 年基期居民消费价格指数，为消除数据可能存在的异方差性，对所有数据进行对数处理。

二、库兹涅茨方程的建立

1. 库兹涅茨曲线模型选取

国内外建立的简化环境库兹涅茨曲线模型主要有对数曲线形式与二次、三次曲线形式两种，以公式表示为（柯文岚等，2011）：

$$\ln Y = \beta_0 + \beta_1 \ln X + \varepsilon \qquad (5-1)$$

$$Y=\beta_0+\beta_1X+\beta_2X^2+\beta_3X^3+\varepsilon \tag{5-2}$$

其中，Y 表示环境污染指标；X 表示人均 GDP 或其他经济指标；β 表示拟合参数；ε 为残差项。

在（5-2）式中，当 $\beta_3=0$ 时，拟合方程为二次曲线方程，拟合曲线呈 U 或倒 U 型；当 $\beta_3\neq0$ 时，拟合方程为三次曲线方程，拟合曲线呈 N 型。本书运用对数处理后的数据，同时采用在国内拟合效果较好的二次三次曲线方程，应用统计软件 EViews7.0 对呼和浩特市人均 GDP 与工业"三废"排放量进行拟合分析。

2. 拟合结果

（1）工业废水排放拟合结果。工业废水排放量与人均 GDP 的拟合效果不理想。在二次与三次拟合结果中，F 值均较小，一次、二次与三次项系数 t 值均小于临界值，说明方程未通过线性检验与系数有效性检验，方程与拟合系数不具有显著性。如图 5-1 所示，观测点分散在拟合曲线两侧，近似于白噪声图像。

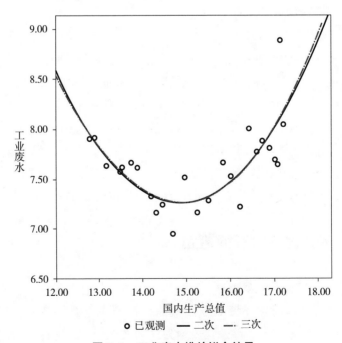

图 5-1　工业废水排放拟合结果

产生这种情况的原因是呼和浩特市自然地理条件的制约。呼和浩特市地处内蒙古自治区中部，属北方干旱半干旱地区，水资源匮乏，人均水资源占有量是世界水平的1/20，全国水平的1/5，以联合国标准来讲是严重缺水城市，在1998年实施引黄供水之前，呼和浩特市饮用水源为单一地下水。1991~2015年，呼和浩特市人均GDP增长了52.33倍，而工业废水排放量在1991年为2706.7吨，2001年为1041吨，2015年为3111吨，整体趋势为先下降后上升，至2001年达最低，2001年比1991年减少了1665.7吨，2015年比2001年反增加了404.3吨。这其中固然有呼和浩特市生产节水力度大、用水管理监督强等原因，但水资源仍是制约发展的主要自然因素，这导致了呼和浩特市非"按需"用水，而是"按量"用水的生产模式，使得呼和浩特市经济增长与工业废水排放量之间不存在稳定的、规律性的联系。

（2）工业废气排放拟合结果。工业废气排放量与经济增长的二次模型的拟合系数t值均大于临界值，R^2为0.96，接近于1，拟合优度高。但DW统计量仅为1.24，说明残差存在正向自相关。为消除自相关性，在方程中逐步加入各阶AR自回归项，加入一阶残差自回归项后，方程最优。此时拟合系数均通过检验，R^2为0.96，DW值为1.85，接近于2，可以认为已消除自相关性。拟合方程为（方程下括号内为t值）：

$$\ln GAS = -2.296 \times \ln GDP + 0.169 \times (\ln GDP)^2 + [AR(1) = 0.379]$$
$$(-1.587724) \qquad (2.300270) \qquad\qquad (5-3)$$

根据方程计算，库兹涅茨曲线在人均GDP为8251.99元时，工业废气排放量随经济增长而增长，即该点为方程拐点，且该点处废气排放量最低。

（3）工业固体废弃物排放拟合结果。工业固体废弃物排放量与经济增长的三次拟合结果较好，但拟合结果DW检验值为0.94，小于2，存在正向自相关关系，逐步加入自回归修正项。加入一阶自回归修正项后，拟合方程各项系数t值大于临界值，通过检验；R^2为0.98，接近于1，拟合优度高；DW值为1.92，得到大大优化，与2接近，可认为消除自相关性。拟合方程为：

$$lnSOLID = -71.271 \times lnGDP + 7.243 \times lnGDP^2 - 0.239 \times lnGDP^3 + [AR(1) = 0.5]$$
$$(-3.746857) \quad (3.729918) \quad (-3.642948) \qquad (5-4)$$

在这种图像中，工业固体废弃物排放随人均 GDP 的增加存在由增至减的最高点和由减至增的最低点。根据方程可以计算出拐点处人均 GDP 分别为 4795.82 元、124007.83 元，即在本书选用数据的 1995 年和 2015 年后的某一年处达到了拐点，后一拐点暂不存在经济意义。同时，也可以得知在具有经济意义的自变量范围内，即 1991~1995 年，函数单调递减；1995~2015 年，函数单调递增。

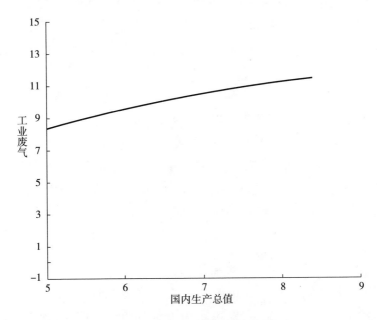

图 5-2　工业废气排放拟合结果

从工业废气与工业固体废弃物的拟合结果来看，呼和浩特市经济发展仍然伴随着较高的环境污染。理论上，当经济发展到更高水平时，将从产业结构调整与环境投入增加两方面对环境带来正面影响，然而呼和浩特市并没有验证这一理论。这种情况可从两方面来解释：其一，与呼和浩特市工业结构有关，如发电、石油加工等能源相关产业占有一部分份额；其二，自西部大开发以来，内蒙古自治区借此机会得以快速发展，然而与东

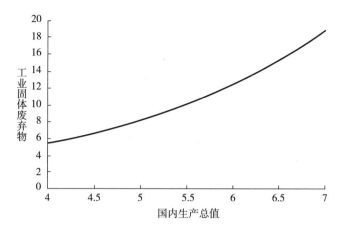

图5-3　工业固体废弃物排放拟合结果

部地区相比，由于西部地区经济发展的起点较低，呼和浩特市为促进隶属旗县的发展只能引进一批环境污染较重的产业，加大了经济发展对环境的负面影响，如托克托县的大唐电力与中润制药等。

呼和浩特市常年干旱多风，自然条件较差，生态承载力较低，绝不能走"先污染，后治理"的老路，以拟合结果为参考，应加大政府对污染排放的管理力度，加强环境保护监督强度，走出一条绿色发展之路。

三、基于灰色关联度的拟合结果分析

1. 分析方法与因子选取

（1）分析方法。本书采用李学全和李松仁改进的灰色关联度方程，该方程克服了原方法所存在的非规范性、非一致性与序数效应的三个缺点，并加入权重，排除坏点，从而能更加客观地计算出两组数据之间灰色关联度的大小（李文学等，1996）。计算公式如下：

$$k_{ij} = X_i(j+1) - X_i(j)，k_{0j} = X_0(j+1) - X_0(j) \tag{5-5}$$

$$\beta_j = \arctan\left[\frac{k_{ij} - k_{0j}}{1 + k_{ij}k_{0j}}\right] \tag{5-6}$$

$$W_{ij} = 1 - \frac{[X_i(j) - X_0(j)]}{\left[\sum_{k=1}^{n} (X_i(k) - X_0(k))\right]} \qquad (5-7)$$

$$r_{ij} = \frac{1}{\left[1 + c \times tg\left(\dfrac{\beta_i}{2}\right)\right]} \qquad (5-8)$$

$$r_i = \frac{1}{(n-1)\sum_{j=1}^{n-1} W_{ij} r_{ij}} \qquad (5-9)$$

其中，k_{ij} 为 i 曲线在 j 时期的斜率；k_{0j} 为 0 曲线在 j 时期的斜率；β_j 为两曲线在 j 时期的夹角；r_{ij} 为 j 时期两组数据的灰色关联度；W_{ij} 为 j 时期两组数据关联度的权数；r_i 为 i、0 两组数据的灰色关联度；c 为参数，本书中设 r=0.2 时，两组数据无关联，r∈（0.2，0.4］时两组数据弱关联，r∈（0.4，0.6］时两组数据中等相关，r∈（0.6，1］时两组数据强相关，计算得出 c=4。

（2）因子选取。经济结构的变迁、资源使用效率的提高、投入构成的变化及生产技术的改进会改变经济系统对稀缺生态资源的需求状况（陈华文等，2004）直观地表现出来，就是环境库兹涅茨曲线的形状特征。也有一些学者认为，随着经济增长，政府将加大环境投资并强化环境监管，这将产生改善环境质量的政策效应（张成等，2011），即国家环保政策与地方政府采取的环保措施及对环保的相关态度也会改变 EKC 的形状——变得更加平缓或顶点出现在更早的时期。据此，本书选用四组因子共七个指标，如表 5-1 所示。对七个指标与人均 GDP 进行 Pearson 相关性分析，结果如表 5-2 所示。可以看到除第二产业产值占总值比外，其余六项指标均与其有强相关性。由于 Pearson 检验基于定距变量间线性关系的衡量，因此，人均 GDP 的变动趋势可由所选指标来表征，即可由所选指标与工业废气与固体废弃物排放灰色关联度的分析说明人均 GDP 对环境污染物排放的影响情况。由于部分统计指标统计起步时间较晚，前后统计口径不一，因此在研究中仅对 2002~2015 年的资料进行研究。

表 5-1　环境影响因子

年份	经济结构		城镇化发展	城市环保建设		环保科技进步	
	第二产业产值占总值比例（％）	第三产业产值占总值比例（％）	非农业人口总数（万人）	"三废"综合利用产品产值（万元）	建成区绿化覆盖率（％）	规模以上工业企业主要原煤消费量（吨）	全市用电量（万千瓦时）
2002	0.36	0.55	97.02	1948	20.45	2771070	270012
2003	0.36	0.55	97.81	1978	22.53	5426788	365413
2004	0.36	0.57	97.90	3239	22.36	9273575	460813
2005	0.37	0.56	98.06	2999	28	14808361	781905
2006	0.39	0.55	100.12	3801	30.1	18577987	625179
2007	0.38	0.57	103.16	4393	33.78	21463784	680964
2008	0.38	0.62	105.50	26613	35.14	24844872	796837
2009	0.36	0.59	108.00	26489	35.45	20245682	912709
2010	0.37	0.59	110.10	27851	35.73	23216459	1269961
2011	0.36	0.59	111.83	43167	35.91	26302941	1434298
2012	0.33	0.62	114.35	—	36.1	26838629	1534825
2013	0.31	0.64	116.71	—	36.5	28178357	1636660
2014	0.29	0.66	119.44	—	40.3	27528990	1978665
2015	0.28	0.68	130.72	—	37	25788212	1876830

资料来源：《呼和浩特市经济统计年鉴》（2003~2015 年），《中国城市统计年鉴》（2003~2015 年）。

表 5-2　相关性检验

		第二产业产值占总值比例	第三产业产值占总值比例	非农业人口总数	"三废"综合利用产品产值	建成区绿化覆盖率	规模以上工业企业主要原煤消费量	全市用电量
实际人均GDP	Pearson相关性	-0.770	0.834	0.887	0.895	0.967	0.967	0.931
	显著性（双侧）	0.001	0.000	0.000	0.000	0.000	0.000	0.000
	N	14	14	14	14	14	14	14

2. 环境影响的灰色关联度分析

根据改进公式，这里仅对拟合结果较好的人均工业废气排放与人均工业固体废弃物排放分别与选定的七组指标进行灰色关联度分析，省略分析过程。分析结果如表5-3所示：

表5-3　灰色关联度

环境指标	第二产业产值占总值比例（%）	第三产业产值占总值比例（%）	非农业人口总数（万人）	"三废"综合利用产品产值（万元）	建成区绿化覆盖率（%）	规模以上工业企业主要原煤消费量（吨）	全市用电量（万千瓦时）
人均工业废气排放量	0.34	0.35	0.34	0.39	0.35	0.45	0.41
人均工业固体废弃物排放量	0.31	0.31	0.30	0.40	0.32	0.64	0.42

工业废气排放量这一组关联度数值除规模以上工业企业主要原煤消费量与全市用电量之外，其他皆处于弱关联区间。数据显示，经济结构这一因子组对工业废气排放整体影响不大。在城市环保建设组中，"三废"综合利用产品产值的关联度要大于建成区绿化覆盖率的关联度，说明后者还未起到吸纳城市活动废气，净化城市空气的作用。环保科技进步这一组因子与工业废气排放的相关度最高，可以证明化石燃料（主要是煤）的燃烧仍然是呼和浩特市工业废气排放的主要源头，是城市空气污染的主要制造者。

工业固体废弃物排放量这一组关联度数值呈现出与工业废气相类似的趋势，但在经济结构与城镇化发展这两组因子上，工业固体废弃物的关联度要比工业废气的更小。人口城镇化使居民的消费结构与消费倾向发生变化，生活习惯发生变化，这两者促进经济的发展、经济结构的变化。进而使人均收入增加，对城市的环境造成影响。城镇化与环境因子关联度较低，可以从中了解到呼和浩特市还未形成城镇化联动效应，可通过合理引导农村居民向城市聚集，鼓励健康消费，来带动城市经济与环境的和谐发展。

在两组关联度中，"规模以上工业企业主要原煤消费量"这一因子与环境因子的关联度均比较大。分析其原因主要为，呼和浩特市整体仍属于高消耗、高污染的发展模式，在工业生产的过程中，个体资源利用效率与资源二次回收利用率较低，产业在纵向未能建立生产、流通、消费、回收的有利循环，在横向未能形成生产原料与中间废物的交换利用，因而在生产系统外产生了大量的工业废弃物。但是在城市发展的过程中，呼和浩特市逐渐重视经济发展与环境关系的协调性，这体现在"'三废'综合利用产品产值"与环境因子近中等相关的关联度上（工业废气为 0.39，工业固体废弃物为 0.40）。

第二节　经济城镇化与环境废弃物

一、三次产业发展与工业"三废"排放的关系

Meadows 等（1972）将世界系统以计算机模型——世界模型来模拟未来，模拟结果显示，若世界人口、工业化、污染、食物生产的增加以及资源的减少保持在不变的速率，那么地球将在研究年份之后 100 年的某个时刻达到增长的极限。该研究在当时引起了大量的批评，同时，也引发了经济学家关于经济发展与资源环境之间关系的热切讨论。基于 1955 年 Kuznets 关于收入分配倒 U 型关系论述，产生了环境库兹涅茨曲线理论，Grossman 和 Krueger（1991）在研究北美自由贸易区协议的环境效应中首次证明了收入与环境倒 U 型曲线关系的存在。此后，Stern（1995）和 Arrow（2004）等进一步对这一论点加以完善，说明经济发展可以从技术效应、规模效应、结构效应三方面对环境水平加以正面的影响。其中，结构效应主要是指产业结构的调整会改变生产过程对资源环境施加的压力。总体来说，第二产业具有资源消耗量大、消耗强度高的特点，在生产过程中对环境的污染程度最高。中国国家环保局的数据显示，工业污染占中国

污染总量的比值最高曾达70%（李姝，2011）。

近年来，中国学者从多方角度对产业的资源环境影响做出论述。李娅、孙根年（2009）与包群、彭水军（2006）对产业结构调整与大气质量的关系进行实证研究；马晓钰等（2013）利用30个省份的面板数据，总体分析了我国经济结构变动对工业"三废"排放量的影响；唐德才（2009）基于面板数据模型，对工业化进程、产业结构、环境污染三者的联系进行研究。由于我国各区域内城市发展基础不一，发展水平不同，因此对具体城市的产业结构与环境污染的关系进行研究也十分必要。本书利用1991~2015年时间序列数据，对呼和浩特市三次产业发展与工业"三废"排放量的关系进行了实证研究。

1. 研究方法、指标选择与数据处理

（1）研究方法。对于某一系统在不同时间（地点、条件）的响应，我们称其为时间序列。时间序列可以分为两种，即平稳时间序列以及非平稳时间序列。平稳时间序列也就是我们常说的随机序列，也称白噪声序列。但在日常的数据处理中，平稳时间序列十分稀少。通常我们所说的平稳序列是指宽平稳序列，宽平稳时间序列有以下三个特征：

其一，序列均值 $E(Y_t)=\mu$ 与时间 t 无关。

其二，序列方差 $E(Y_t-\mu)^2=\sigma^2$ 与时间 t 无关。

其三，协方差 $\gamma_k=E(Y_t-\mu)(Y_{t+k}-\mu)$ 与时间 t 无关。

若待处理的数据是平稳的，那么就可以建立自回归模型或运用通常的最小二乘法来对变量进行方程拟合。然而现实中，我们遇到的时间数列是非平稳的序列，这些序列在具有长期趋势的同时，也叠加有不规则的变动。若是直接对非平稳序列运用最小二乘法进行拟合，会产生伪回归的问题，在这种情况下，通常的解决方法是对数列进行差分运算使其平稳，之后再进行拟合。然而差分处理会减小样本容量，降低方程自由度，造成信息的缺失。因此，本书采用误差修正模型对选用指标数据进行处理。

误差修正模型存在单一方程与多方程两种形式，本书所用到的是单一方程模式。设有两变量y_t与x_t，两者之间存在协整关系，则存在简单协整方程：

$$y_t = \beta_0 + \beta_1 x_t \qquad (5-10)$$

方程（5-10）诠释了变量之间的长期关系。同时，据 Granger 定理，若有多个非平稳变量存在协整关系，则必有误差修正模型可以表达它们之间的关系。简单的误差修正模型表达式如下：

$$\Delta y_t = k_0 \Delta x_t + k_1 ECM_{t-1} + \mu_t \qquad (5-11)$$

$$ECM_t = y_t - \beta_0 - \beta_1 x_t \qquad (5-12)$$

其中，$k_1 ECM_{t-1}$ 为误差修正项，k_1 为误差修正系数，表示 ECM 对 Δy_t 的修正速度。误差修正方程诠释了变量间的短期关系，表示 x 变量变动 k_0 单位与 y 变量变动 1 个单位同时发生。

（2）指标选择与数据处理。选择工业废气排放量、工业废水排放量与工业固体废弃物排放量表征工业"三废"排放，分别由 G、W、S 表示。三次产业产值指标表征呼和浩特市三次产业发展情况，分别由 PI、SI、THI 表示，并将各产业产值以 1991 年为基础，换算为可比数据。为了消除几组变量数据可能存在的异方差，同时为了加强数据的平稳性，对所选用指标数据进行对数处理，即最后得到的六组指标表达为 lnG、lnW、lnS、lnPI、lnSI、lnTHI。

2. VEC 模型建立

（1）单位根检验。为检验数据是否可以直接应用最小二乘法进行方程拟合，或是进一步进行协整检验，利用 EViews 6.0 对六个指标的数据进行 ADF 单位根检验，以判断数据的平稳性。ADF 单位根检验方程如下：

$$\Delta y_t = \hat{\rho} y_{t-1} + \sum_{i=1}^{k} \hat{\gamma_t} \Delta y_{t-1} + \hat{\nu_t} \qquad (5-13)$$

零假设与备择假设分别如下：

$$H_0: \rho = 0 \qquad (y_t \text{非平稳})$$
$$H_1: \rho < 0 \qquad (y_t \text{平稳})$$

在实际检验过程中，滞后项的个数应服从两个原则：其一，为消除自相关，滞后阶数应充分大；其二，为保持较大的自由度，滞后阶数应尽量小。与此同时，在未知数据性质时，应逐个尝试在检验方程中加入趋势项与位移项。对六组原始序列及其一阶差分项进行 ADF 单位根检验，考察其平稳性，结果如表5-4所示。可见，六组原始序列皆为不平稳序列，然而在进行一阶差分之后，除 dlnTHI 在 10% 的显著水平上平稳之外，其余差分序列皆在1%的显著水平上平稳，可称六组序列都是一阶单整 I（1）序列，为同阶单整，可进行下一步协整检验。

表5-4 单位根检验

变量	(C, T, K)	ADF统计量	1%临界值	5%临界值	10%临界值	平稳性
lnG	(C, T, 0)	-2.262713	-4.394309	-3.612199	-3.243079	非平稳
dlnG	(0, 0, 0)	-4.263352	-2.669359	-1.956406	-1.608495	平稳
lnW	(0, 0, 0)	-0.056158	-2.664853	-1.955681	-1.608793	非平稳
dlnW	(0, 0, 0)	-7.721721	-3.752946	-2.998064	-2.638752	平稳
lnS	(C, T, 1)	-2.662450	-4.416345	-3.622033	-3.248592	非平稳
dlnS	(0, 0, 0)	-2.941756	-2.669359	-1.956406	-1.608495	平稳
lnPI	(C, 0, 1)	-0.929906	-3.737853	-2.991878	-2.635542	非平稳
dlnPI	(C, 0, 0)	-5.174927	-3.752946	-2.998064	-2.638752	平稳
lnSI	(C, 0, 0)	-1.634566	-3.737853	-2.991878	-2.635542	非平稳
dlnSI	(C, 0, 0)	-4.496668	-3.752946	-2.998064	-2.638752	平稳
lnTHI	(C, 0, 1)	-2.051047	-3.737853	-2.991878	-2.635542	非平稳
dlnTHI	(C, 0, 0)	-2.996987	-3.752946	-2.998064	-2.638752	平稳

注：(C, T, K) 中，C 代表截距项，T 代表时间趋势，K 代表滞后阶数。

（2）协整检验。在进行协整之前先确定 VAR 最优滞后阶数。为考察工业"三废"与三次产业产值之间的关系，将序列组合为三组，表示为 GR1、GR2、GR3，分别包括 lnG、lnPI、lnSI、lnTHI；lnW、lnPI、lnSI、lnTHI；lnS、lnPI、lnSI、lnTHI。

表5-5 协整检验

C	LogL	LR	FPE	AIC	SC	HQ	滞后阶数
GR1	17.09221	76.82999 *	1.68e-05 *	0.306084	1.300230 *	0.474333 *	1
GR2	94.35390	13.12941	5.06e-07 *	-3.850355 *	-1.271527 *	-3.242861 *	3
GR3	69.77770	171.5108 *	1.90e-07 *	-4.148141 *	-3.166430 *	-3.887693 *	1

注：* 表示在 0.10 水平下显著相关。

可以看到，GR2 的 VAR 方程最优滞后阶数为 3，协整检验与误差修正方程在检验中加入了约束项，因此最优滞后阶数是无约束的 VAR 模型滞后期减去一期，即 GR2 协整检验的滞后阶数为 2。GR1 与 GR3 通过最多检验标准的滞后阶数为 1，可计算出协整分析及误差修正模型的滞后期为 0。然而 VEC 模型测算的是变量之间短期的扰动关系，若滞后期为 0，得出的只有变量间的长期趋势，VEC 模型失去意义。但是在分析的过程中发现，lnG、lnPI、lnSI 与 lnS、lnPI、lnSI 建立 VAR 模型后，得到具有统计意义的滞后阶数为 2，协整检验以及误差修正方程的最优滞后项为 1，将这两组变量分别由 GR12 与 GR32 表示。运用 Johansen 检验三组非平稳序列的协整性。

表 5-6　GR12 协整检验结果

Hypothesized No. of CE（s）	Eigenvalue	Trace Statistic	0.05 Critical Value	Prob. **
None*	0.731896	65.58842	47.85613	0.0005
At most 1*	0.481336	35.31165	29.79707	0.0105
At most 2*	0.402576	20.21220	15.49471	0.0090
At most 3*	0.304875	8.364246	3.841466	0.0038

注：* 表示在 0.10 水平下显著相关；** 表示在 0.05 水平下显著相关。

表 5-7　GR2 协整检验结果

Hypothesized No. of CE（s）	Eigenvalue	Trace Statistic	0.05 Critical Value	Prob. **
None*	0.650021	61.02057	47.85613	0.0018
At most 1*	0.497494	36.87329	29.79707	0.0065
At most 2*	0.449655	21.04588	15.49471	0.0066
At most 3*	0.272272	7.310047	3.841466	0.0069

注：* 表示在 0.10 水平下显著相关；** 表示在 0.05 水平下显著相关。

表 5-8　GR32 协整检验结果

Hypothesized No. of CE（s）	Eigenvalue	Trace Statistic	0.05 Critical Value	Prob.**
None*	0.735253	80.77476	47.85613	0.0000
At most 1*	0.619267	50.20820	29.79707	0.0001
At most 2*	0.515502	27.99808	15.49471	0.0004
At most 3*	0.389005	11.33131	3.841466	0.0008

注：*表示在 0.10 水平下显著相关；**表示在 0.05 水平下显著相关。

GR12 的检验结果显示，在显著水平 0.05 上拒绝了没有协整关系与只有一个协整关系的假设，而在存在两个协整关系的假设上统计量小于临界值，说明 GR2 存在两个协整关系。对 GR2 和 GR32 的检验结果做同样的分析，得知其同样具有两个协整关系。

（3）VEC 模型的构建。GR12、GR2 与 GR32 各具有两个协整关系，然而本书的研究目标是考察工业"三废"排放与三次产业发展之间的联系，因此三组各取一个协整，分别以 lnG、lnW 与 lnS 为因变量，以 lnPI、lnSI、lnTH、lnPI、lnSI 为自变量进行 VEC 模型的构建，滞后阶数依次为 2 与 1。GR12 的长期均衡方程如方程（5-14）所示，短期均衡方程如方程（5-15）所示，模型 AIC 与 SC 分别为 -4.037187 与 -1.855102。

$$\ln G = 5.057739 \times \ln PI + 4.306575 \times \ln SI - 7.188725 \times \ln THI - 7.505662$$

$$(5-14)$$

$$[D(\ln G), D(\ln PI), D(\ln SI), D(\ln THI)]^T = [-0.405408, -0.051741, -0.050516, -0.039286]^T \times ecm_{t-1} +$$

$$\begin{bmatrix} -0.094397 & 0.206967 & 2.339567 & 1.673460 & 0.068225 & -0.266680 & -2.922902 & -1.904999 \\ -0.043155 & 0.024466 & -0.104899 & 0.127094 & 0.448955 & 0.575418 & 0.402472 & -0.998663 \\ 0.137926 & 0.129288 & -0.202795 & -0.340311 & -0.161369 & 0.227219 & 0.049441 & 0.851264 \\ 0.046013 & -0.066629 & 0.063435 & 0.065841 & 0.245673 & 0.090877 & -0.221696 & 0.266578 \end{bmatrix}^*$$

$$[D(\ln G(-1)), D(\ln G(-2)), D(\ln PI(-1)), D(\ln PI(-2)), D(\ln SI(-1)),$$

$D(\ln SI(-2)), D(\ln THI(-1)), D(\ln THI(-2))]^{T} + [0.687331, 0.087617,$
$0.00478, 0.121575]^{T} \times C$ \hfill (5-15)

GR2 的长期均衡方程如方程（5-17）所示，短期均衡方程如方程（5-16）所示，模型 AIC 与 SC 分别为-3.285044 与-1.102959。

$$\ln W = -10.68954 \times \ln PI - 2.620918 \times \ln SI + 8.091144 \times \ln THI - 0.406932$$
\hfill (5-16)

$[D(\ln W), D(\ln PI), D(\ln SI), D(\ln THI)]^{T} = [0.128049, 0.114873,$
$0.048103, 0.015007]^{T} \times ecm_{t-1} +$

$$\begin{bmatrix} -0.759590 & -0.491562 & 1.275121 & 0.463006 & -1.154865 & -0.996915 & -1.227643 & 1.527469 \\ -0.167034 & 0.006031 & 0.54327 & 0.52808 & -0.080128 & 0.035746 & 0.03607 & -1.069521 \\ -0.044547 & -0.152638 & -0.032511 & -0.297762 & -0.472843 & -0.123383 & 0.462748 & 1.225458 \\ -0.05685 & -0.132152 & 0.022058 & 0.0000698 & 0.118196 & -0.024057 & 0.073524 & 0.432498 \end{bmatrix}^{*}$$

$[D(\ln W(-1)), D(\ln W(-2)), D(\ln PI(-1)), D(\ln PI(-2)), D(\ln SI$
$(-1)), D(\ln SI(-2)), D(\ln THI(-1)), D(\ln THI(-2))]^{T} + [0.687331,$
$0.087617, 0.00478, 0.121575]^{T} \times C$ \hfill (5-17)

GR32 的长期均衡方程如方程（5-19）所示，短期均衡方程如方程（5-18）所示：

$$\ln S = 2.453841 \times \ln PI - 0.42547 \times \ln SI - 2.32365 \times \ln THI - 1.210908 \quad (5-18)$$

$[D(\ln S), D(\ln PI), D(\ln SI), D(\ln THI)]^{T} = [0.111434, -0.161508,$
$0.002638, -0.034872]^{T} \times ecm_{t-1} +$

$$\begin{bmatrix} -0.609373 & -0.314556 & 0.134036 & -0.384746 & 0.237848 & 0.309318 & 1.883564 & 0.069697 \\ 0.413719 & 0.054444 & 0.228954 & 0.205302 & 0.318705 & 0.169899 & -0.537416 & 0.404785 \\ -0.391548 & -0.47462 & 0.047738 & 0.087819 & -0.234937 & 0.175833 & 0.590429 & 0.945866 \\ -0.036463 & 0.01319 & 0.00632 & 0.047685 & 0.263649 & 0.176021 & -0.19986 & 0.110793 \end{bmatrix}^{*}$$

$[D(\ln S(-1)), D(\ln S(-2)), D(\ln PI(-1)), D(\ln PI(-2)), D(\ln SI(-1)),$

D(lnSI(-2)), D(lnTHI(-1)), D(lnTHI(-2))]^T+[-0.217857, -0.039074,

-0.068609,0.140897]^T×C   (5-19)

3. 结果分析

（1）GR12 拟合结果分析。

其一，从长期均衡关系来看，呼和浩特市第三产业产值与工业废气排放量存在负相关关系，工业废水排放减小 1%，第三产业产值增加 7.18%。相应地，第一产业与第二产业产值与工业废气的排放量呈同向变动关系，其分别每增加 5.05% 和 4.3%，工业废气排放量增加 1%。

其二，可以在短期均衡方程中看到修正系数为-0.4，也就是说，当关系出现偏离长期趋势时，上一期的偏离会以 40% 的力度在本期得到纠正。观察滞后项的系数，可以看到滞后一期与滞后二期的第一产业产值对工业废气排放量的扰动系数符号相同，一阶滞后项每变动 1 个百分点，当期废气排放正向变动 2.33 个百分点，而二阶滞后项每变动 1 个百分点，当期废气排放变动 1.67 个百分点。与其具有同样性质的是第二产业产值。当滞后一期的第二产业产值变动 1% 时，废气排放同向变动 0.06%；而滞后二期的产值变动 1% 时，废气排放同向变动 0.26%，可见滞后两期的第二产业产值正向扰动能力较强。第三产业两期滞后项所带来的扰动作用皆是反向，一阶滞后项每增加 1%，当期废水排放减少 2.92%；二阶滞后项每增加 1%，当期废水排放减少 1.9%。

（2）GR2 拟合结果分析。

其一，在长期，呼和浩特市工业废水排放量与第一、第二产业产值呈反向变动，与第三产业产值呈同向变动。第一、第二产业产值每增加 1%，固体废弃物排放分别减少 10.68%、2.62%；第三产业产值每增加 1%，工业废水排放增加 8.09%。中国国家统计局将农业、林业、牧业、渔业等统计在第一产业中，这部分产业在我国目前仍然以小规模个人生产为主，未形成规模化、机械化的生产模式，因此第一产业用水仅有少部分统计在工业废水排放口径中。可以看到，第三产业的发展在长期内有利于环境污染的控制。然而此结果显示，若保持如今的发展趋势，第三产业每增加 1% 所降低的工业废水排放量要远小于第二产业每增加 1% 所带来的工业废水排放增量。

其二，可以在短期均衡方程中看到修正系数为0.12，即当关系出现偏离长期趋势时，上一期的偏离会以12%的力度在本期得到纠正。观察滞后项的系数，可以看到滞后一期与滞后二期的第一产业产值对工业废水排放量的扰动系数符号相同，一阶滞后项每变动1个百分点，当期废水排放同向变动1.275个百分点；二阶滞后项每变动1个百分点，当期废水排放变动0.46个百分点。与其具有同样性质的是第二产业产值。当滞后一期的第二产业产值变动1%时，废水排放反向变动1.15%；而滞后二期的第二产业产值变动1%时，废水排放反向变动0.99%，可见滞后两期的第二产业产值的反向扰动能力最强。第三产业的两期滞后项所带来的扰动作用体现为，一阶滞后项每增加1%，当期废水排放减小1.22%；二阶滞后项每增加1%，当期废水排放增加1.52%。

（3）GR32拟合结果分析。

其一，在长期，呼和浩特市固体废弃物排放量与第二、第三产业产值反向变动，与第一产业产值同向变动。第二、第三产业产值每增加1%，固体废弃物排放减少0.42%、2.32%；第二产业产值每增加1%，固体废弃物排放增加2.45%。

其二，可知误差修正方程修正系数为0.11，也就是说，本期会以11%的力度修正上一期变量关系与长期均衡产生的偏离，修正力度要比GR2组变量的修正稍小一些。在短期滞后变量关系上，滞后一期的固体废弃物排放量对当期值有正向扰动的关系，扰动系数为0.13。亦即当前者增加1%时，后者增加0.13%，而二阶滞后项每变动1个百分点，当期废水排放变动0.38个百分点。与其具有同样性质的是第二产业产值。当滞后一期的第二产业产值变动1%时，废水排放正向变动0.23%；而滞后二期的第二产业产值变动1%时，废水排放正向变动0.3%。第三产业的两期滞后项所带来的扰动作用体现为，一阶滞后项每增加1%，当期废水排放减小1.88%；二阶滞后项每增加1%，当期废水排放增加0.06%。

表5-9　第三产业增加值构成比例

年份	交通运输、仓储和邮政业	批发和零售业	住宿和餐饮业	金融业	房地产业	信息传输计算机服务及软件业	租赁和商务服务业	居民服务和其他服务业	文化、体育和娱乐业
2011	30.62	16.31	10.63	7.91	4.55	5.27	3.16	6.16	2.02
2012	29.39	17.16	10.24	11.78	4.25	4.58	2.86	5.53	1.82
2013	28.82	17.02	10.56	12.12	4.69	4.13	2.84	6.02	2.16
2014	18.68	17.86	13.56	14.68	6.54	4.98	3.45	5.55	2.88
2015	18.02	17.47	13.68	15.50	6.21	5.28	3.18	5.35	2.91

从表5-9中可以看出，第三产业增加值的结构中居于前三位的是交通运输、仓储和邮政业，批发和零售业以及住宿和餐饮业这三项基础服务行业。而交通运输、仓储和邮政业的发展相较于其他服务行业来说更具环境污染性，如公路的修建会产生固体垃圾，交通工具的增加会提高汽车尾气排放量和能源消耗量。餐饮业的发展则会排放更多的生活垃圾与生活污水。而这三项服务行业在增加值中所占比例在2011~2015年保持在一个稳定的较高数值上，这也可以解释误差修正方程中第三产业产值增加的同时，工业废气、废水排放量的减少量有较大改善。除交通运输、仓储和邮政业在2013年较2012年降低了10.14%，住宿和餐饮业在2014年较2013年增加了3%之外，其他服务行业比例也没有明显的波动，都处于一个较低的比例上。其中，金融业对比前几年的数值有所上升。总的来说，呼和浩特市第三产业较之前有良好发展，基础服务业发展较迅速，但在高新技术产业以及新兴服务的发展上仍需进一步加强。

二、产业发展与城乡居民收入的关系

各国数据表明，产业总量的发展是居民收入增长的重要原因，产业结构的调整与升级则为影响收入分配的重要因素（苏雪串，2002）。我国学者已采用多种方法，通过多种途径对两者之间的关系做出分析与阐述。冉美丽、陈航（2002）以1992年以来我国的宏观经济数据为基础，通过构建VAR模型与脉冲响应函数，考察了产业结构变动对居民收入总量与收入分配结构变化的影响。苏雪串（2002）从产业结构调整的角度对收入差距产生的原因加以说明，总结出主要有第一产业增长率的下降、行业发展速率与行业收入的差距、产业结构升级与结构性失业这三个原因。刘叔申、吕凯波（2011）基于1978~2006年省级面板数据对产业结构变动对城乡居民收入差距的影响进行研究，得出第一、第二产业的发展都能缩小城乡收入差距的结论。卢冲等（2014）以成都市为研究对象，得出林业、渔业、建筑业是阻碍成都市城乡居民收入减少的主要因素。丁元等（2014）以28个省市14年的面板数据为基础，考察产业结构变动与居民收入变动两者之间互相的冲击情况。

　　1991~2015年，呼和浩特市实际人均GDP由1903.12元增长至101492元。经济总量的增长必然意味着三大产业的发展与结构的优化与调整，并且伴随着居民收入的不断提高。在相同的期限内，呼和浩特市第一、第二、第三产业产值分别增长了120.11亿元、852.14亿元与2082.41亿元，依次增长了19.6%、57%与140.7%。与第一产业平稳的表现相比，第三产业的发展可谓是突飞猛进。产业的发展可以增加就业人数，优化就业结构与就业质量，提高居民收入。同时，居民收入的提高又通过消费等经济活动反作用于产业，使总产值得以提高，产业结构得以调整。在近25年内，呼和浩特市城市居民人均可支配收入由1281元增长至37362元，增长倍数近28.2倍；农村居民人均纯收入由619元增长至13491元，增长倍数约为20.8倍。虽然城乡居民的收入均有惊人的提高，但是两者之间的差距也在发展中不断加大。1991年，城市居民收入是农村居民的2.07倍，这个数字在2015年增长为2.77倍，收入差距扩大速率在进入21世纪后陡然加快。从产业发展的角度来看，可以推测呼和浩特市三次产业发展对城乡居民收入的影响有正有负，且即使作用方向相同，作用强度也可能存在差别。这就说明了产业的发展既可以对城乡居民收入差距有扩大作用，也可以有缩减作用。基于此，本书对呼和浩特市三次产业发展及城乡居民收入之间关系做出具体的实证分析。

1. 指标选取与数据处理

本书选用呼和浩特市三次产业总产值表征三次产业发展情况，分别由 PI、SI、THI 表示；采用城镇居民人均可支配收入与农村居民人均纯收入分别表征城镇与农村的收入变动情况，分别由 CIN、CONIN 表示。将三次产业产值通过各年度三次产业总产值指数换算为以 1991 年为基期的实际生产总值；将城镇居民人均可支配收入与农村居民纯收入以 1991 年为基期的居民消费价格指数换算，通过以上处理使各指标具有数据的可比性。同时，为消除数据可能存在的异方差性，对五组数据进行对数处理，最后得到五组指标为 lnPI、lnSI、lnTHI、lnCIN、lnCONIN。

本书采用 1991~2015 年时间序列数据，构建 VEC 误差修正模型，得到呼和浩特市三次产业发展与城乡居民收入变动之间的长期与短期关系。根据所得模型分析三次产业中哪些产业对城市居民收入影响较大，哪些产业对农村居民收入影响较大，并根据结果找出进一步提高呼和浩特市居民收入、减小城乡收入差距的产业发展途径。

Engle 与 Granger 将协整与误差修正模型两者进行结合，得出的就是向量误差修正模型，也即常说的 VEC 模型。又如 VEC 模型可由 ADL 模型导出，因此也可将其看作加入了协整约束的 VAR 模型。用于构建 VEC 模型的数据必是协整的，反过来说，根据 Granger 定理，凡是具有协整关系的序列，它们之间的关系必有向量误差修正模型可以表达。

将 VAR 模型进行协整变换，最终得到向量误差修正模型：

$$Y_t = \prod 1 Y_{t-1} + \prod 2 Y_{t-2} + \cdots + \prod k Y_{t-k} + U_t \qquad (5-20)$$

$$\Delta Y_t = A_1 \Delta Y_{t-1} + A_2 \Delta Y_{t-2} + \cdots + A_{k-1} \Delta Y_{t-k+1} + \prod Y_{t-k} + U_t$$
$$(5-21)$$

2. 实证分析

（1）单位根检验。时间序列可分为平稳时间序列与非平稳时间序列。平稳时间序列可直接拟合，非平稳时间序列则需要进行差分，使数据平稳后，才可进行拟合分析。若两组数据为非平稳，但可以通过同样阶数的 N 次差分转化为平稳序列，称两组数列 N 阶单整，可进一步进行协整检验。因此在进行进一步的分析之前，需要对数列进行平稳性检验。本书采用的

ADF 检验方法假设序列服从 AR（p）的过程，在检验模型中逐阶加入被解释变量的各期滞后项，直至不存在自相关。检验式为：

$$\Delta y_t = \gamma y_{t-1} + \sum_{i=1}^{p} \lambda_i \Delta y_{t-1} + \varepsilon_t \qquad (5-22)$$

原假设：H_0：$\gamma = 0$，原序列有单位根，非平稳。

备选假设：H_1：$\gamma<0$，平稳。

在实际检验过程中，一般比较 ADF 统计量与临界值之间的大小，若前者大于后者，序列为非平稳；若小于后者，则序列平稳。对五组数据进行 ADF 单位根检验，结果如表 5-10 所示：

表 5-10　单位根检验

变量	（C，T，K）	ADF 统计量	1%临界值	5%临界值	10%临界值	平稳性
lnPI	（C，0，1）	-0.929906	-3.737853	-2.991878	-2.635542	非平稳
dlnPI	（C，0，0）	-5.174927	-3.752946	-2.998064	-2.638752	平稳
lnSI	（C，0，1）	-1.634566	-3.737853	-2.991878	-2.635542	非平稳
dlnSI	（C，0，0）	-4.496668	-3.752946	2.998064	-2.638752	平稳
lnTHI	（C，0，1）	-2.051047	-3.737853	-2.991878	-2.635542	非平稳
dlnTHI	（C，0，0）	-2.996987	-3.752946	-2.998064	-2.638752	平稳
lnCIN	（C，0，1）	-0.320725	-3.737853	-2.991878	-2.635542	非平稳
dlnCIN	（C，0，1）	-3.393260	-3.752946	-2.998064	-2.638752	平稳
lnCONIN	（C，0，1）	0.017145	-3.737853	-2.991878	-2.635542	非平稳
dlnCONIN	（C，0，1）	-3.572558	-3.752946	-2.998064	-2.638752	平稳

注：（C，T，K）中，C 代表截距项，T 代表时间趋势，K 代表滞后阶数。

从表 5-1 中可以看到，这五组数据都是非平稳序列，然而在进行一阶差分之后，分别在不同的显著水平上呈现出平稳的特征。可称五组序列为一阶单整序列，且皆为同阶单整，可进行下一步的协整检验。

（2）协整检验。实际经济变量之间有时虽在短期内不存在稳定的关系，或与稳定关系之间存在一定的偏离，但这种偏离只是暂时的，经过一段时期的修正之后，经济变量在长期可以存在稳定的关系，这种情况下，就可以说这些经济变量之间存在协整关系。存在协整关系是进一步构建误差修正模型的基础。检验两个或多个序列间是否存在协整关系的方法主要有 Johanson 检验法与 Engle-Granger 两步法。本书采用 Johanson 检验法。将指标 lnCIN、lnPI、lnSI、lnTHI 视为一组，用 GR1 表示；将指标 lnCONIN、lnPI、lnSI、lnTHI 视为另一组，用 GR2 表示。在进行协整检验之前，先对两组序列分别进行 VAR 方程拟合，根据拟合结果及 AIC 最小原则确定最优滞后阶数，得到两组的最优滞后阶数皆为 2。由于 Johanson 检验加入了约束条件，最优滞后阶数要比 VAR 最优滞后期少 1，因此，两组协整检验的最优阶数为 1。检验结果如表 5-11 与表 5-12 所示。

表 5-11　GR1 协整检验

Hypothesized No. of CE（s）	Eigenvalue	Trace Statistic	0. 05 Critical Value	Prob. **
None *	0. 743807	57. 85445	47. 85613	0. 0044
At most 1	0. 524634	27. 89430	29. 79707	0. 0816
At most 2	0. 357898	11. 53358	15. 49471	0. 1807
At most 3	0. 078033	1. 787418	3. 841466	0. 1812

注：＊表示在 0. 10 水平下显著相关；＊＊表示在 0. 05 水平下显著相关。

表 5-12　GR2 协整检验

Hypothesized No. of CE（s）	Eigenvalue	Trace Statistic	0. 05 Critical Value	Prob. **
None *	0. 901918	97. 39383	47. 85613	0. 0000
At most 1 *	0. 740940	46. 31082	29. 79707	0. 0003
At most 2 *	0. 455995	16. 59552	15. 49471	0. 0340
At most 3	0. 135450	3. 202010	3. 841466	0. 0735

注：＊表示在 0. 10 水平下显著相关；＊＊表示在 0. 05 水平下显著相关。

可以看到，在"At most 2"这一项中，两组检验结果的迹统计量分别为 13. 39 与 10. 8，均在 0. 05 的显著水平上小于临界值，而在此之前的

"None" 与 "At most 1" 这两项中，GR1 与 GR2 的协整检验迹统计量各自小于临界值，表明这两组序列各自存在两个协整关系。

（3）VEC 模型构建。误差修正方程与协整检验同样在计算的过程中加入了约束项，因此 VEC 模型拟合的最优滞后期与 Johansen 协整检验所采用的滞后期相同，GR1 与 GR2 最优滞后期均为 1。分别以 lnCIN 与 lnCONIN 为因变量，以 lnPI、lnSI、lnTHI 为自变量，以 GR1、GR2 两组数据为基础，分别构建 VEC 模型。GR1 与 GR2 的长期均衡关系如方程（5-23）与方程（5-24）所示（方程下方括号内为系数 t 值，其绝对值均大于临界值，即 GR1 与 GR2 各自变量的拟合系数均显著），短期均衡关系如方程（5-25）与方程（5-26）所示。两组结果的 AIC 与 SC 值均在-6 前后，较小。

$$lnCIN = -2.731×lnPI-2.328×lnSI+2.808×1lnTHI-1.78 \quad (5-23)$$
$$[-4.68383] \quad [-3.45127] \quad [3.93879]$$

$$lnCONIN = -3.313×lnPI-2.993×lnSI+3.783×lnTHI-0.66 \quad (5-24)$$
$$[-9.37304] \quad [-7.16277] \quad [8.41948]$$

$$D(lnCIN) = 0.194×D(lnCIN)_{t-1}+0.272×D(lnPI)_{t-1}-0.536×$$
$$D(lnSI)_{t-1}-0.541×D(lnTHI)_{t-1}-0.056×ECM_{t-1}-0.095$$
$$(5-25)$$

$$D(lnCONIN) = 0.216×D(lnCONIN)_{t-1}+0.458×D(lnPI)_{t-1}-0.083×$$
$$D(lnSI)_{t-1}-0.935×D(lnTHI)_{t-1}-0.037×ECM_{t-1}-0.053$$
$$(5-26)$$

从 GR1、GR2 的长期来看，第一、第二产业总产值的增长与城市居民收入均反向变动：第一产业产值、第二产业产值每增长 1 个单位，城市居民收入分别降低 2.731 个单位、2.328 个单位，农村居民纯收入分别降低 3.313 个单位、2.993 个单位；第三产业总产值与城市居民收入、农村居民纯收入均为正向变动，第三产业产值每增加 1 个单位，城市居民收入增加 2.808 个单位，农村居民纯收入增加 3.783 个单位。

与长期关系相反，短期关系反映的是解释变量与被解释变量之间的短期波动关系。GR1 短期方程的误差修正项的系数为-0.056，其反映了当变量间关系出现波动，并偏离长期均衡时，其偏差会在下期以 5.6% 的概率在反方向得到修复，也即基本得到修复。GR2 的短期修正项的系数为-0.037，即当关系偏离长期均衡时，上期的波动会在本期以 3.7% 的力度得到修复。

（4）格兰杰检验。VEC 误差修正方程所得到的是变量之间长期与短期关系，但并不能得到它们之间的因果关系，即不能从模型中得到哪个变量是波动产生的原因，哪个变量是波动的结果。为准确区分产业发展与居民收入两者中的因变量与自变量，对 GR1 与 GR2 两组序列进一步进行格兰杰因果检验。由于格兰杰因果检验的本质是 VAR 方程，因此其最大滞后期的选择也可参考 AIC 原则，则 GR1 与 GR2 的最大滞后阶数均为 2。结果如表 5-13 与表 5-14 所示：

表 5-13　GR1 格兰杰检验

Null Hypothesis	lag1		lag2	
	F-Statistic	Prob.	F-Statistic	Prob.
lnPI does not Granger Cause lnCIN	0.34796	0.5616	0.83964	0.4481
lnCIN does not Granger Cause lnPI	4.31913	0.0501	2.58082	0.1034
lnSI does not Granger Cause lnCIN	2.57081	0.1238	1.78468	0.1963
lnCIN does not Granger Cause lnSI	2.30891	0.1435	7.63756	0.0040
lnTHI does not Granger Cause lnCIN	8.45148	0.0084	4.22776	0.0312
lnCIN does not Granger Cause lnTHI	1.30501	0.2662	2.44184	0.1153

表 5-14　GR2 格兰杰检验

Null Hypothesis	lag1		lag2	
	F-Statistic	Prob.	F-Statistic	Prob.
lnPI does not Granger Cause lnCONIN	24.5314	7.E-05	12.9619	0.0003
lnCONIN does not Granger Cause lnPI	1.81434	0.1923	2.23680	0.1356
lnSI does not Granger Cause lnCONIN	15.6553	0.0007	9.39217	0.0016
lnCONIN does not Granger Cause lnSI	0.87895	0.3591	1.24197	0.3124
lnTHI does not Granger Cause lnCONIN	21.7781	0.0001	14.8625	0.0002
lnCONIN does not Granger Cause lnTHI	4.13437	0.0549	0.26401	0.7709

可以看到，在 GR1 一组中，在滞后一期的检验上，lnCIN 在 0.05 的显著水平上是 lnPI 的单向格兰杰原因，lnSI 与 lnTHI 是 lnCIN 的单向格兰杰原因。在滞后二期的检验上，检验结果相同。可以知道，城市居民收入增加可以作用于第一产业，使第一产业总产值得以增长，而第二产业与第三产业的发展，可以有益于城市居民收入的增加。

在 GR2 一组中，在滞后一期的检验中，第一产业、第二产业与第三产业发展是农村居民收入的格兰杰原因。结合 VEC 模型，即在滞后一期的基础上，第一产业与第三产业的发展可以增加农村居民的收入，而第二产业的发展是阻碍农村居民收入增加的原因。在滞后二期的检验中，第二产业与第三产业发展仍然是农村居民收入的单向格兰杰原因，但是第一产业与农村居民收入的关系与滞后一期检验结果相反，即农村居民收入是第一产业发展的格兰杰原因。

3. 结果分析

从 GR1、GR2 的长期来看，第一、第二产业总产值的增长与城市居民收入均反向变动：第一产业产值、第二产业产值每增加 1 个单位，城市居民收入分别降低 2.731 个单位、2.328 个单位，农村居民纯收入分别降低 3.313 个单位、2.993 个单位；第三产业总产值与城市居民收入、农村居民纯收入均为正向变动，第三产业产值每增加 1 个单位，城市居民收入增加 2.808 个单位，农村居民纯收入增加 3.783 个单位。

综合 VEC 模型以及格兰杰因果检验结果，可以了解到，第三产业的发展可促进城市居民收入和农村居民纯收入的增长，其每增长 1%，收入分别可增长 2.808% 与 3.783%，涨幅较第一、第二产业的反向作用更大一些。从发展历史上看，呼和浩特市具有第一、第二产业发展基础好，第三产业发展迅速，后天投入高的特点。第二产业产值占总产值的比重在 1978 年为 46.77%，在 1996 年之前，这个比例始终处于 40% 之上，在 1993 年更是达到了 50.24%。然而 1993 年之后，第二产业的比重逐年走低，至 2011 年为 36.29%，占总产值的比重仍在 1/3 以上。呼和浩特市第三产业的发展起步于 20 世纪 90 年代，进入 21 世纪则以令人惊叹的速度飞速成长。三次产业占比中第三产业占比从 1991 年的 41.27% 增长至 2015 年的 67.86%。第一产业与第二产业的发展增加居民就业，推动了第三产业的发展，从而进一步提高了居民收入。

图5-4显示了2003年以来三次产业就业人数年增长率。可以看到，除却个别年份，如2008年，第二产业吸纳就业人数逐年增加，且增长率保持在2%之上。第三产业就业人数增长率始终高于第二产业，说明第三产业已成为带动经济发展的重要引擎。需要注意的是，根据VEC模型，长期内，随着第三产业的发展，农村居民收入的增加值要远大于城市居民收入的增加值。这一方面可以证明扩大第三产业规模有利于缩小城乡收入差距；另一方面说明第三产业的发展是使农村居民脱离农业生产向新就业岗位转移的重要驱动力量，这有益于释放农村富余劳动力，吸纳农村多余人口，使土地从繁重的重复耕种中解放出来，有利于土地恢复与发展农业大规模生产，这也是推动城镇化发展的重要动力。

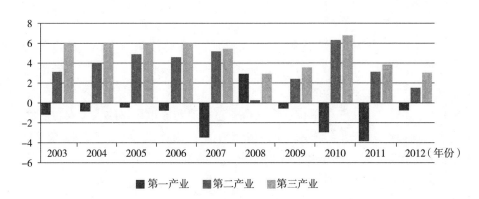

图5-4 三次产业就业人数年增长率

从格兰杰因果关系检验结果来看，在滞后一期与二期，城市居民收入的提高可以促进第一产业的发展。这可以从居民的消费水平和消费结构进行解释，当居民收入增加时，其首要增加的消费物品是食品，加工食品与生鲜食品间接或直接地拉动了农、林、牧业生产，即扩大第一产业规模；在城市居民收入进一步增加时，居民消费食物的数量可能不会再次大幅提高，然而食品消费结构却在悄然发生变化，由以谷物、蔬菜等食品为主向更多元化、高等化的方向发展，如牛奶、蛋、水产品等食物消费量的增加，再如番茄汁、奶酪等加工食品的增加。这一系列变化导致了上游生产部门结构的改变，由低密度生产过程过渡到高密度生产过程，由分散的小规模生产模式发展到集中的、具有规模效益的生产模式。在滞后一期的条件下，第一产业发展对农村居民收入具有促进作用，而在滞后二期的基础上，农村居民收入对第一产业的发展具有正面的影响。

三、居民消费与城市废弃物的关系

人类通过经济活动和社会活动与自然环境进行能量和物质交换，随着社会的发展与经济水平的提高，人类活动对经济环境造成的压力日益增加。消费作为重要的经济活动，通过其在时间纵向序列上和内部组成横向序列上的结构变动，从生产到资源利用和直接向环境排放废弃物两个方向影响着城市环境（赵延德等，2007）。我国学者关于消费的资源环境影响这一部分的研究始于 20 世纪 90 年代，大规模发展于近十年。其中，耿莉萍（2004）对居民消费水平增长导致的问题及未来发展的趋势进行了分析；刘倩（2010）综合研究了我国发展的各个主要阶段中人口、消费与生态环境耦合变化轨迹；杨莉、刘宁、戴明忠、陆忠法（2008）以江苏省江阴市为例，对居民消费对环境形成的生态压力做出评估；卢泉、文虎（2010）利用通径分析法对居民消费结构与生活垃圾与污水排放的关联性进行分析；王婷、吕昭河（2012）对居民收入水平与城市环境进行计量检验与协整分析；朱勤等（2012）对居民消费的载能碳排放变动做出结构分解。

由于我国东部与西部在资源禀赋以及经济发展程度上存在较大的差异，西部各城市之间也存在各方面的不同，对个体城市进行独立分析具有必要性。以下从居民消费对排入到环境的废弃物的影响入手，对呼和浩特市居民消费与废弃物排放量进行拟合分析，并对拟合结果产生的原因做出进一步说明。

相较于温暖湿润的东部沿海地区，呼和浩特市自然条件较差，环境承载力低，生态脆弱性较高（高海林等，2011）。在经济发展历史上，"一五"期间苏联援建的 156 项工业项目中，内蒙古自治区所得投资占 40%以上，重工业得到了优先发展（潘孝军，2006）。"二五"与"三五"发展计划实施之后，呼和浩特市工业建设得到了着重加强，从 1970 年起，第二产业的增加值首次超过了第三产业。在先天较低的环境承载力与粗放的经济发展模式两者共同作用之下，呼和浩特市资源耗竭速率加快，环境污染加剧。虽然这种情况在西部大开发的实施与可持续发展战略提出之后有所缓解，但总体来讲，人口增加、经济发展与资源环境之间的矛盾仍然愈发尖锐。因此，对呼和浩特市居民经济活动及其对环境带来的影响进行定量分析十分必要与迫切。

1. 指标选取

由于所选用指标前后统计口径缺乏一致性，以下采用 2002~2015 年相关数据进行研究分析。在表征排入环境废弃物方面选取生产性废弃物排放与生活废弃物排放两组共五个指标，分别是工业废水排放量 Y1、工业废气排放量 Y2、工业固体废弃物产生量 Y3；鉴于我国城镇居民消费对资源环境产生的压力，其强度与总量均远大于农村居民（吴文恒等，2010），选用城镇居民年人均消费性支出表征居民消费，并以 2002 年为基期换算为具有可比性的人均实际消费性支出 X，计算公式：城镇居民实际人均消费性支出＝城镇居民名义人均消费性支出/2002 年基期居民消费价格指数，数据如表 5-15 所示：

表 5-15　实际城镇人均消费支出计算

城镇居民名义人均消费性支出（元）	2002 年基期居民消费价格指数	城镇居民实际人均消费性支出（元）
5525	1.00	5525.00
6332	1.01	6257.27
7418	1.05	7055.13
8768	1.07	8191.47
9831	1.09	9048.61
11432	1.14	10039.57
13145	1.21	10900.65
14752	1.21	12221.05
16624	1.24	13422.88

续表

城镇居民名义人均消费性支出 （元）	2002 年基期居民消费价格指数	城镇居民实际人均消费性支出 （元）
19106	1.31	14622.70
21095	1.35	15659.53
22919	1.38	16582.40
24844	1.41	17622.73
26547	1.43	18570.74

2. 方程拟合

以废弃物排放五组指标为因变量，利用 SPSS18.0 分别与城镇居民实际消费性支出 X 做曲线方程拟合，结果检验与拟合方程如表 5-16、表 5-17 所示。

表 5-16　结果检验

因变量	系数		常数	R^2	F	t	显著性	
							F	t
Y1	—		—	—	—	—	—	—
Y2	1.905		3.052E-5	0.892	98.821	9.941	0.000	0.000
Y3	0.088		-399.011	0.949	225.454	15.015	0.000	0.000
Y4	X	-3.784	20090.768	0.929	43.919	-3.944	0.000	0.003
	X^2	0				4.243		0.002
	X^3	-9.775E-9				—		—
Y5	X	-0.054	248.272	0.817	14.884	-5.279	0.005	0.000
	X^2	4.535E-6				4.996		0.001
	X^3	-1.161E-10				—		—

表 5-17　方程拟合

因变量	方程
Y1	—

因变量	方程
Y2	$\ln Y2 = 1.905\ln X + 3.052E-5$
Y3	$Y3 = 0.088X - 399.011$
Y4	$Y4 = -3.784X + (-9.775E-9)X^3 + 20090.768$
Y5	$Y5 = -0.054X + (4.535E-6)X^2 + (-1.161E-10)X^3 + 248.272$

在工业废弃物排放这一组指标中，以工业废水排放量为因变量，以居民消费为自变量，对两者进行曲线拟合分析。拟合结果显示，各方程 R^2 均在 0.5 以下，拟合优度低，并且均未通过方程线性检验与系数检验。这说明二者虽具有相关性，但城镇居民实际消费性支出变动不足以解释工业废水的变动情况，两者在本书所取年份中并不存在稳定的线性关系。工业废气排放量的幂函数拟合与工业固体废弃物产生量直线拟合结果均较好：前者拟合 R^2 为 0.892，说明自变量大体上能够解释因变量的变动趋势；后者的 R^2 为 0.949，接近于 1，拟合优度高，工业固体废弃物产生量的变动情况几乎可以完全由居民消费来说明。在拟合方程线性检验上，两组指标的 F 值均大于显著水平为 0.05、自由度为 9 的 F 统计量，同时检验的显著性值小于 0.001；在系数有效性检验中，两者的 t 检验显著性值同样小于 0.001，通过检验。

生活废弃物排放的指标与居民消费的拟合结果就整体来看，其拟合同样较好，生活污水排放量与生活垃圾清运量的拟合 R^2 分别为 0.929 与 0.817，F 值分别为 43.919 与 14.884，显著性值为 0.001 与 0.005，小于 0.05，通过方程线性检验。t 检验显著性值均小于 0.05，通过系数显著性检验。拟合结果如图 5-5 所示。

3. 拟合结果分析

对四组拟合方程求因变量 Y 对 X 的一次导数，结果如下所示。

$$dy_2/dx = 1.905x^{0.905} \tag{5-27}$$

$$dy_3/dx = 0.088 \tag{5-28}$$

$$dy_4/dx = 3(-9.775E-9)x^2 - 3.784 \tag{5-29}$$

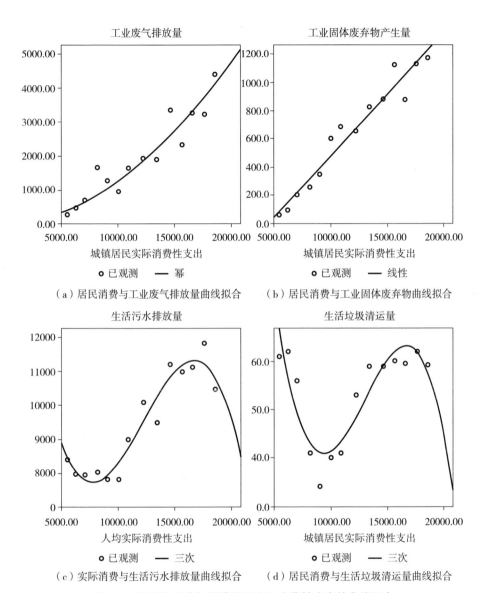

图 5-5 废弃物排放与城镇居民实际消费性支出的曲线拟合

$$dy_5/dx = -3(1.161E + 10)x^2 + 2(4.535E - 6)x - 0.054$$

$$(5-30)$$

本书统计起始年份 2002 年呼和浩特市城镇居民消费性支出为 5525 元，2015 年为 18570.74 元，因此取自变量定义域为 [5000, 30000]，根据闭区间定义域粗略计算各函数可知式（5-27）表现为单调递增函数，式（5-28）表现为平行于 x 轴的水平线，式（5-29）、式（5-30）表现为开口向下的抛物线，且交 y 轴负半轴。

（1）工业废弃物排放拟合关系分析。在工业废气排放与居民消费的拟合关系中，dy_2/dx 恒大于 0，拟合方程为单调递增函数，即工业废气的排放量随着居民消费的增加而呈递增态势，不存在拐点。由函数（5-27）在定义域内为单调递增函数得知，$(dy_2/dx)\,t_1 < (dy_2/dx)\,t_2$，$t_1<t_2$（这里合理假设居民消费水平是时间的增函数）。2002~2015 年，居民实际消费支出由 5525 元增加至 18570.74 元，增长 2.36 倍；与此同时，工业废气排放量由 272.3 亿标立方米增加至 4411 亿标立方米，增长 16.2 倍，远超居民消费增长幅度。

工业固体废弃物产生量与居民消费性支出存在直线关系，拟合函数同样单调递增。dy_3/dx 的函数图像为一条水平直线，即 y_3 随 x 同向变动的速率维持在一个稳定的水平，既不增加，也不减少。居民消费 x 每增加 1 元，工业固体废弃物增产 880 吨。

鉴于在小尺度地域内以生态足迹计算消费的资源环境压力，得到的是生产性生态足迹与消费性生态足迹的总和（赵延德，2007），因此，工业废弃物排放与居民消费的拟合结果呈同向变动关系的原因也可从生产活动与生活活动两方面进行分析。

以生产角度分析，呼和浩特市第二产业内部结构调配不佳是主要影响因素。整体来看，呼和浩特市第二产业比重低于全国水平。自 1997 年以来，呼和浩特市保持着"三、二、一"的产业结构，至 2015 年，第三产业所占比重更是达到了 67.8%。但自西部大开发战略实施以来，为促进农村剩余劳动力就业，推动县域经济发展，减少贫困人口，呼和浩特市引进了大批能源消耗量大、环境危害高的企业，如托克托县的大唐电力与中润制药等。这批企业大大激活了当地的经济发展，然而同样带来了环境损害的危害，如废气、固体废弃物排放的增加等。

从生活角度来看，居民消费总量增长，消费结构中电器增加导致的能源供应压力加大是工业废弃物排放量增加的主要影响因素。

进入 21 世纪，呼和浩特市经济得到了飞速的发展，人民生活水平得到了极大提高，消费水平也随之提升，表现在居民住房面积的增加、消费总量的提高与消费结构的转变。在消费结构的转变上，主要的变动在居民消费由以食品等生活必需品为主转向生活必需品为基础，娱乐用品如电脑、手机、相机等用品为辅的消费模式。而在生活用品上，洗衣机、微波炉、电冰箱等家用电器已成为居民生活的标准配置，豆浆机、烤箱、面包机等小型家电也日益走入城市居民的生活。但这种改变所带来的负面影响就是城市居民人均用电量的大幅提高。自 1990 年至 2015 年，仅 1992 年、1994 年、1996 年、2011 年四个年份，人均用电量年增长率出现了负值，而其余年份中，增长率均为正值，在 2001 年甚至出现了 40.6% 的增长高峰。2015 年人均用电量为 1.5 千瓦时，是 1991 年相关数据的 6.52 倍。

同样对能源供应施加压力的是机动车辆拥有数量。1991 年，呼和浩特市机动车辆总数为 45796 辆，2015 年翻了 17.65 倍，达到了 853927 辆。机动车辆以尾气污染城市环境的同时，也加快了城市资源耗竭。

居民消费对能源供应的压力间接拉动了煤炭开采、洗选、发电，石油开采、加工等高耗能、高污染的重工业发展，也就使工业废弃物的排放量得以大幅提升。2007 年以来城镇居民消费水平与消费结构变化造成的能源生态足迹 EEF 不断攀升（汪凌志，2013），这说明城市居民消费给环境所带来的压力已经不容忽视。

（2）生活废弃物排放拟合结果分析。观察图 5-5（c）可知，2002~2015 年生活污水排放与居民消费的拟合图形是开口向上的三次函数曲线部分。dy_4/dx 先单调递增再单调递减，在定义域内，经历由负值上升至正值再下降的过程，计算得出，当 $x = 11359.43$ 时，$dy_4/dx = 0$，亦即拐点消费支出值发生在 2008~2009 年。在 2008 年之前，生活污水排放量随居民支出先增加后减少，且增加速率逐步递减；2009 年后，两者变动关系转为反向变动，且递减速率随时间推移而增大，即居民消费支出增加一单位所带来的生活污水排放量逐年增长。

生活垃圾清运量与居民人均实际消费性支出拟合结果为三次函数。dy_5/dx 为开口向下的二次函数，与 x 轴有两个交点，存在 x_1、x_2 两个极值点（$x_1 < x_2$），即在人均支出 x_1 之前，生活垃圾清运量随支出增加而减小，减小速率随时间推移逐步降低，至达到第一个极小值点外，转而随支出增

加而增长，在达到第二个极大值 x_2 之后再次转而与支出反向变动，且变动速率随时间推移而增大。

为进一步对结果进行研究，选取居民消费中的人均八大类支出与生活污水排放与生活垃圾清运量做 Pearson 相关性分析。

生活污水排放量与各单项消费项目均存在高度相关关系，相关度最高的三项由高至低是设备用品、食品与娱乐文教消费。设备用品包括耐用消费品、室内装饰品、床上用品、家具材料等，其中耐用消费品的统计项目自 2001 年起新增入家用汽车、淋浴热水器、消毒柜、空调等新型电器。设备用品消费中家用汽车通过洗车用水等增加了生活污水排放量；淋浴热水器的使用提高了居民洗浴的频率，直接作用在了家庭污水排放上。随着居民生活水平的提高，食品消费也趋向于多样化、精致化，数量与种类更多的食品消费导致更多食材与餐具需要清洗。居民在娱乐、文教方面有更多的接触，其中包括呼和浩特市游泳馆等娱乐场所用水。其余几个消费项目也从不同角度影响生活污水的排放量，如居民拥有更多的服装、鞋帽等，清洗衣物意味着将用去更多的家庭清洁用水，居住主要耗费装修与日常打扫用水，医疗保健的消毒清洁用水等。

从表 5-18 中可以看到，各项消费种类与生活垃圾清运量相关性分析结果的双侧显著性检验值均大于 0.05，未通过检验。经分析，主要有两方面原因：其一，统计存在误差。垃圾清运量指报告期内收集和运送到垃圾处理厂的生活垃圾数量，若是没有来得及清运或遗漏的生活垃圾则不在统计范围之内，而城市道路清扫面积每年也有所变动。例如在《呼和浩特市经济统计年鉴》中，2013 年全市道路清扫面积为 3383 万平方米，而 2014 年为 2592 万平方米，因此，在统计过程中难免会出现一定的误差，对研究结果带来一定的影响。其二，房屋建设产生的建筑垃圾往往部分被统计在生活垃圾中，然而和商铺产生垃圾与居民消费相关度大不同，与建筑垃圾相关性较强的是当年房地产投资量，而房地产投资量与当地消费支出相关性往往不大（吕贻敏等，2011）。自 2004 年以来我国房地产行业热度不减，各大城市在房地产方面的投资只增不减。呼和浩特市房地产投资自 2002 年以来，以年均 40.6% 的速率增长，相对应的建筑垃圾的产量也同时提升，故居民各类消费与固体垃圾清运量不具有相关性。

表5-18　相关性检验

		食品	衣着	设备用品	医疗保健	交通通信	娱乐文教	居住	杂项和服务
生活污水排放量	Pearson 相关性	0.912**	0.900**	0.927**	0.863**	0.855**	0.905**	0.705**	0.835**
	显著性（双侧）	0.000	0.000	0.000	0.000	0.000	0.000	0.005	0.000
	N	14	14	14	14	14	14	14	14
生活垃圾清运量	Pearson 相关性	0.367	0.359	0.468	0.304	0.389	0.359	0.372	0.287
	显著性（双侧）	0.197	0.207	0.091	0.291	0.170	0.208	0.191	0.319
	N	14	14	14	14	14	14	14	14

注：**表示在 0.01 水平（双侧）上显著相关。

第三节　人口城镇化与环境废弃物

近年来，随着呼和浩特市人口城镇化进程的推进，人口集聚效应增强。其中，人口数量增加与环境污染之间的矛盾日渐加剧。因而，对呼和浩特市人口城镇化与环境污染之间的关系进行研究很有必要。

为研究呼和浩特市人口城镇化与环境污染之间的关系，选取了呼和浩特市 2000~2015 年人口指标与环境废弃物排放的相应指标，其中，以工业废水排放量 Y1、工业废气排放量 Y2、工业固体废弃物产生量 Y3、生活污水排放量 Y4、生活垃圾清运量 Y5 表征环境废弃物；以总人口数、非农业人口数指标表征人口城镇化水平。

一、方程拟合

选取环境废弃物排放五项指标为因变量 Y，人口城镇化率为自变量 X，通过 SPSS18.0 分别对其进行曲线方程拟合，并得出拟合结果和拟合方程，如表 5-19 和表 5-20 所示。

表 5-19　环境废弃物排放五项指标与人口城镇化率拟合结果

因变量	系数		常数	R^2	F	t	显著性	
							F	t
Y1	—		—	—	—	—	—	—
Y2	X	3547.770	-95864.670	0.885	50.257	2.618	0.000	0.021
	X^2	-31.354				-2.281		0.040
Y3	X	2040.595	-52758.464	0.938	98.943	6.390	0.000	0.000
	X^2	-19.277				-5.952		0.000
Y4	X	7643.649	-188073.866	0.777	22.616	3.617	0.000	0.003
	X^2	-73.265				-3.419		0.005
Y5	—		—	—	—	—	—	—

表 5-20　五项指标与人口城镇化率拟合方程

因变量	方程
Y1	—
Y2	$Y2 = -31.354X^2 + 3547.77X - 95864.67$
Y3	$Y3 = -19.277X^2 + 2040.595X - 52758.464$
Y4	$Y4 = -73.265X^2 + 7643.649X - 188073.86$
Y5	—

　　在工业废弃物指标与生活废弃物指标中，各有一组指标的曲线拟合效果不理想，分别为工业废水排放量和生活垃圾清运量。以工业废水排放量、生活垃圾清运量为因变量，以人口城镇化率为自变量的曲线拟合结果中显示，各方程 R^2 均小于 0.5，拟合优度较低，并且未通过方程线性检验和系数检验。尽管工业废水排放量、生活垃圾清运量与人口城镇化率之间存在着一定的相关性，但并不能合理地通过数理模型对它们之间的关系进行充分的解释，也不存在稳定的线性关系。

　　在工业废气排放量、工业固体废弃物产生量与人口城镇化率曲线拟合结果中，均表现为二次曲线拟合结果较好。前者的曲线拟合 R^2 为 0.885，表示人口城镇化率能够较好地解释工业废气排放量的变动趋势；在拟合方程线性检验上，自由度为 15 的 F 统计量，显著水平小于 0.001，显著性水平较高；在系数检验中，t 检验值显著水平均小于 0.05，则通过检验。后者的曲线拟合 R^2 为 0.938，接近于 1，拟合优度较高，表示人口城镇化率能够较好地解释工业固体废弃物产生量的变动趋势；在拟合方程线性检验上，自由度为 15 的 F 统计量，显著水平小于 0.001，显著性水平较高；在系数检验中，t 检验值显著水平均小于 0.05，则通过检验。

　　生活废弃物排放指标中生活污水排放量与人口城镇化率的曲线拟合结果显示，R^2 为 0.777，小于 0.8，能够在一定程度上解释两者之间的变动关系。在拟合方程线性检验中，F 值为 22.616，对应显著性值小于 0.001，在系数检验中，t 检验值显著性值小于 0.05，均通过检验。拟合结果如图 5-6所示。

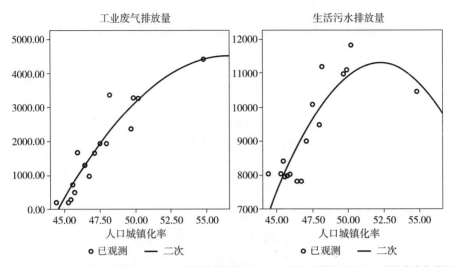

（a）工业废气排放量与人口城镇化率曲线拟合 （b）生活污水排放量与人口城镇化率曲线拟合

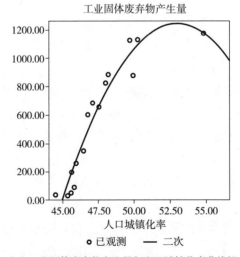

（c）工业固体废弃物产生量与人口城镇化率曲线拟合

图 5-6 环境废弃物与人口城镇化率的拟合曲线

二、拟合结果分析

对三组曲线拟合方程自变量求一阶导，得到式（5-31）、式（5-32）、式（5-33）。

$$dy_2/dx = -62.708x + 3547.77 \tag{5-31}$$

$$dy_3/dx = -38.554x + 2040.595 \tag{5-32}$$

$$dy_4/dx = -146.53x + 7643.649 \tag{5-33}$$

自变量呼和浩特市人口城镇化率在 2000~2015 年稳步提升，取定义域为 [40, 60]，并由定义域得出各函数值域范围，分别为 [-500, 1500]、[-500, 1000]、[-1500, 2000]。

1. 工业废弃物排放量拟合关系分析

在工业废气排放量与人口城镇化率关系的拟合中，dy_2/dx 的函数图像为斜率小于 0 的线性函数。其与 x 轴交于（56.58，0），即人口城镇化率小于 56.58% 时，工业废气排放量是逐渐增加的，此时 $dy_2/dx>0$，在此之后将会逐渐下降，变为 $dy_2/dx<0$。另外，由二者的拟合关系图（图 5-6(a)）得知，二者之间的曲线关系为开口向下的抛物线，工业废气排放速率逐渐降低，排放量整体表现为先增加后减少。因而可推测，在人口城镇化率为 56.58% 时的废气排放量可达 4494.71 亿立方米。2015 年人口城镇化率为 54.79%，此时 $dy_2/dx>0$，所以，工业废气排放量与人口城镇化率之间关系有效部分为单调递增。2000~2015 年，工业废气排放量从 172.4 亿立方米增加到 4411 亿立方米，增长了 25 倍多。而此时的人口城镇化率仅增长了 10.37%，工业废气排放量增长幅度远超人口城镇化幅度，即人口城镇化率每提高 1%，工业废气排放量平均增加 408.7 亿立方米。

工业固体废弃物产生量与人口城镇化率的拟合结果显示，拟合函数图像为开口向下的二次曲线 dy_3/dx，在人口城镇化率为 52.93% 时与 x 轴相交，这为 2014~2015 年的人口城镇化率水平。代表着自 2000 年开始，人口城镇化率不断增加的同时，工业固体废弃物产生量也在不断增加，并且增加幅度逐渐变小，直至达到最高点。此时的工业固体废弃物产生量达 1244.08 万吨，2015 年开始下降，但并未形成较明显的下降趋势。2000~2014 年，工业固体废弃物产生量从 39.3 万吨增加至 1130 万吨，增长了 27.7 倍。同样，人口城镇化率每增加 1%，工业固体废弃物产生量平均增加 105.18 万吨。

由此可见，工业废气的排放与人口城镇化之间的相互影响十分紧密，人口城镇化的同时加大了工业废气的排放，工业废气的排放不仅不利于环境，而且阻碍了人口城镇化的进程。人口城镇化逐渐发展，伴随着大量农村人口向城镇聚集，一方面，很大一部分人口转化成了城镇人口，推动了人口城镇化的发展进程；另一方面，扩大了需求，有助于推动产业发展。乡村人口向城镇的转移增加了服装、汽车、电子产品等的消费，而这些均促使工业废气、工业固体废弃物大量增加。

2. 生活废弃物排放拟合结果分析

生活污水排放量与人口城镇化关系拟合结果显示，拟合函数为二次函数，开口向下。dy_4/dx 为 0 时的点，也即 dy_4/dx 与 x 轴的交点，为人口城镇化率 52.16% 时，是 2000~2015 年生活污水排放量达到最高值的点，排放量为 11289.31 万吨。自 2000 年人口城镇化率为 44.42% 开始，至 2014 年人口城镇化率为 50.19%，生活污水排放量呈增长趋势，且增长速率逐渐降低，在此之后，生活污水排放量开始下降，但并未形成稳定的下降趋势。

进入 21 世纪以来，呼和浩特市人口数量增长较快，且人口总数不断上升，经济也得到了较快发展，人们生活水平不断提高，生活方式日渐多样。生活方面，人口城镇化的快速发展提高了城镇居民占比，增加了居民各方面消费量，诸如洗衣机、冰箱、电脑等产品的消费。消费结构上也由原先食住行的单一模式转变成为集"食住行游购娱"为一体的全面消费模式，使社会各项产品和服务总量提升。各种生活用品、产品使用量的增加势必造成大量的废物排放。另外，居民对各项产品消费需求的提升，同样提升对第二、第三产业产出的需求，如能源产品、机械电子产品等的产出均需要第二、第三产业有较强的输出能力。能源产业、机械电子产业等均属于高污染行业，在产出这些能源和机械电子等产品的同时，会伴随着大量的污染物排放。基于人的需要，人们所使用的直接或者间接的产品，其背后均存在对环境造成危害的情况，同样也阻碍了城镇化的发展和社会进步。因而，发展人口城镇化的同时，切不可忽视环境污染的负面作用。

三、Pearson 检验

为了对以上结果进行进一步的研究，选取第一、第二、第三产业从业人员数量与农业人口转非农业人口数量四个指标分别与工业废气排放量、工业固体废弃物产生量和生活污水排放量做 Pearson 相关性检验，检验结果如表 5-21 所示。

表 5-21　Pearson 相关性检验

环境废弃物指标及检验方法	人口城镇化指标	第一产业从业人员数量	第二产业从业人员数量	第三产业从业人员数量	农业人口转向非农业人口数量
工业废气排放量	Pearson 相关性	-0.922**	0.803**	0.939**	-0.035
	显著性（双侧）	0.000	0.000	0.000	0.896
	N	16	16	16	16
工业固体废弃物产生量	Pearson 相关性	-0.873**	0.845**	0.964**	0.227
	显著性（双侧）	0.000	0.000	0.000	0.398
	N	16	16	16	16
生活污水排放量	Pearson 相关性	-0.870**	0.652**	0.845**	0.205
	显著性（双侧）	0.000	0.006	0.000	0.446
	N	16	16	16	16

注：＊＊表示在 0.01 水平（双侧）上显著相关。

由表 5-21 可知，工业废气排放量、工业固体废弃物产生量分别与第一、第二、第三产业从业人员数量存在较强的相关关系，相关性关系按由强到弱的顺序排列依次为：第三产业从业人员数量、第一产业从业人员数量、第二产业从业人员数量。其中，工业废气排放量、工业固体废弃物产生量分别与第一产业从业人员数量的 Pearson 检验结果为负，并且都较靠近-1，为负的强相关关系。另外，工业废气排放量、工业固体废弃物产生量分别与农业人口转向非农业人口数量的 Pearson 检验结果较小，绝对值均小于 0.5，为弱相关关系。工业废气、固体废弃物指标与第一、第二、第三产业的 Pearson 相关系数绝对值均大于 0.8，对应为极强的相关性，且显著水平均小于 0.01，通过检验。两项工业污染物指标与第一产业从业人员数的负相关关系说明，第一产业从业人员数量减小，则会使工业废气排放量和工业固体废弃物产生量增加，呈反方向变动关系；而两项工业污染物指标与第二、第三产业从业人员数量之间呈正相关关系，属同增同减型。

生活污水排放量与第一、第二、第三产业从业人员数量和农业人口转向非农业人口数量的 Pearson 相关系数显示，生活污水排放量与第一产业从业人员数量 Pearson 相关系数为负值，且与第三产业从业人员数量 Pearson 相关系数绝对值均大于 0.8，为极强相关；生活污水排放量与第二产业从业人员数量 Pearson 相关系数为 0.6~0.8，为强相关关系；生活污水排放量与农业人口转向非农业人口数量 Pearson 相关系数小于 0.4，为弱相关关系，且显著值较大，未通过检验，表明农村人口向城市人口的转移并未直接导致环境废弃物的增加；生活污水排放量与第二产业从业人员数量 Pearson 检验为强相关，显著水平小于 0.05，通过显著性检验。

人口城镇化的推动带动了第二、第三产业从业人员的大量增加，进而进一步推动了第二、第三产业的发展。再者，人口城镇化的不断推进，在一定程度上也吸引了大量农村劳动力向城镇转移。基于多个方面的作用，使得城镇劳动力与城镇人口不断增加，因而产生越来越大的需求。互联网经济的快速兴起，物流效率的极大提高，更进一步促进了第二、第三产业的发展。城镇化源于人的需求，人的需求是工业、服务业可持续发展的源动力，进而，人口城镇化是第二、第三产业快速发展的基础。

人口城镇化发展不仅使农业人口向城镇人口转变，更使人们消费方式转变。大量农业人口扎根于城镇的过程中，城乡之间差距也在逐渐缩小，他们已不再局限于攒钱回家的方式，而是开始习惯于城镇生活。这种生活观念的转变带动的是消费观念的转变，有助于服装、汽车、旅游等第二、第三产业的发展。

第四节 土地城镇化与环境废弃物

随着我国城镇化水平的不断提高，人口向城镇不断聚集，人口城镇化率由 1995 年的 44.64% 增加到 2015 年的 54.79%。与此同时，伴随着人口城镇化水平的提高，土地也经历着快速城镇化的变化，城镇用途的建设用地规模不断扩大，以满足人口聚集所带动的整体城镇化水平的变化。然而，随着土地城镇化水平的不断向前推进，环境问题更加突出。龙花楼、曲艺等（2018）通过从中国农区土地利用转型及其"格局—过程—效应—调控"方面的系统性分析，寻找出转型过程中环境效应的产生机理和调控位点，以及耦合经济与环境多重情景的土地利用转型调控机制与合理模式；刘成军（2017）通过分析人口、土地和产业三者对环境造成的影响，明确城镇化过程中产生环境问题的根本原因；胡银根、王思奇等（2008）从土地生态入手，探究保护土地原生态、建设土地新生态的有效措施，以实现土地潜力、土地功能效用最大化，土地损失最小化；李边疆（2008）通过对土地利用与生态环境的作用机理与土地生态环境问题发生机制的研究，对二者之间关系的评价与调控进行了探讨。

近年来，人口的集聚使得呼和浩特市土地城镇化水平与环境之间的矛盾日渐凸显，因此，探究土地城镇化与环境之间的关系有助于寻找出相应对策以缓解二者之间日趋恶化的关系。以下通过对呼和浩特市土地城镇化指标与废弃物排放量之间进行拟合，分析两者拟合结果及其原因。

一、指标选取

呼和浩特市地貌主要分为中北部大青山中低山地及其北麓丘陵地形，中部土默川平原地形，东南部丘陵及黄土丘陵沟壑地形。地貌类型：山地占 39.4%，平原占 30.6%，丘陵占 37.69%，其他占 1.4%。截至 2015 年底，全市土地总面积 18563.47 平方千米，城市用地 412.07 平方千米，占土地总面积的 2.22%。呼和浩特市土地资源质量较好，但地区间和地类间差异十分明显，全市宜农耕地的各旗县区所占比重均较高。全市土地类型多样，为农、林、牧、工、交、建综合发展和多种经营提供了良好的资源条件。城市整体用地结构复杂，城郊型土地综合利用特点比较突出。同时，土地利用中依旧存在诸多有待解决的问题，如土地利用粗放、内部布局松散，土地资源浪费严重；长期忽视对土地资源的保护和不合理建设，导致土地退化严重，土壤污染现象普遍。

选取呼和浩特市 1995~2015 年以 5 年为跨度的土地利用遥感数据及环境废弃物排放量数据，其中，以工业废水排放量 Y1、工业废气排放量 Y2、工业固体废弃物产生量 Y3、生活污水排放量 Y4、生活垃圾清运量 Y5 表征环境废弃物指标；以城市用地占比表征土地城镇化水平，计算公式：土地城镇化率＝（城市用地面积/总面积）×100%，相关数据如表 5-22 所示。

表 5-22　呼和浩特市土地城镇化率

年份	城市用地面积（平方千米）	总面积（平方千米）	土地城镇化率（%）
1995	69.62	18563.47	0.38
2000	74.4	18563.47	0.4
2005	226.5	18563.47	1.22
2010	335.63	18563.47	1.81
2015	412.07	18563.47	2.22

二、方程拟合

选取环境废弃物排放五项指标为因变量 Y，土地城镇化率为自变量 X，通过 SPSS18.0 分别对其进行曲线方程拟合，并得出拟合结果和拟合方程，如表 5-23、表 5-24 所示。

表 5-23　土地城镇化率与环境废弃物指标的拟合结果

因变量	系数	常数	R^2	F	t	显著性	
						F	t
Y1	726.943	1379.107	0.854	17.553	4.190	0.025	0.025
Y2	1.796	915.326	0.980	143.577	11.982	0.001	0.001
Y3	1.930	232.647	0.989	280.079	16.736	0.000	0.000
Y4	0.136	7434.084	0.824	14.093	3.754	0.033	0.033
Y5	—	—	—	—	—	—	—

表 5-24　土地城镇化率与环境废弃物指标的拟合方程

因变量	方程
Y1	Y1 = 726.943X+1379.107
Y2	lnY2 = 1.796lnX+915.326
Y3	lnY3 = 1.93lnX+232.647
Y4	lnY4 = 0.136X+7434.084
Y5	—

在生活废弃物指标中，生活垃圾清运量指标的曲线拟合效果不理想，其中，以生活垃圾清运量为因变量，以土地城镇化率为自变量的曲线拟合结果显示，R^2 小于 0.5，拟合优度较低，且未通过方程线性检验和系数检验。尽管生活垃圾清运量与土地城镇化率之间存在着一定的相关性，但并不能合理地通过数理模型对它们之间的关系进行充分的解释，也不存在稳定的线性关系。

工业废水排放量、工业废气排放量、工业固体废弃物产生量与土地城镇化率曲线拟合结果较好，且工业废水排放量与土地城镇化率之间表现为线性关系。工业废气排放量、工业固体废弃物产生量与土地城镇化率之间均表现为幂函数拟合。其中，工业废水排放量与土地城镇化率曲线拟合 R^2 为 0.854，表示土地城镇化率能够较好地解释工业废水排放量的变动趋势；在拟合方程线性检验上，自由度为 4 的 F 统计量，显著水平小于 0.05，显著性水平较高；在系数检验中，t 检验值显著水平小于 0.05，通过检验。工业废气排放量、工业固体废弃物产生量与土地城镇化率之间的曲线拟合 R^2 分别为 0.980、0.989，接近于 1，拟合优度较高。表示土地城镇化率能够很好地解释工业废气排放量和工业固体废弃物产生量的变动趋势；在拟合方程线性检验上，自由度为 4 的 F 统计量，显著水平分别小于 0.01 和 0.001，显著性水平较高；在系数检验中，t 检验值显著水平均小于 0.05，通过检验。

在生活废弃物排放指标中，生活污水排放量与土地城镇化率之间的曲线拟合结果显示，R^2 为 0.824，表示土地城镇化率能够较好地解释生活污水排放量的变动趋势。在拟合方程线性检验中，F 值为 14.093，对应显著性值小于 0.05，t 检验值显著性值也小于 0.05，通过检验。拟合图如图 5-7 所示。

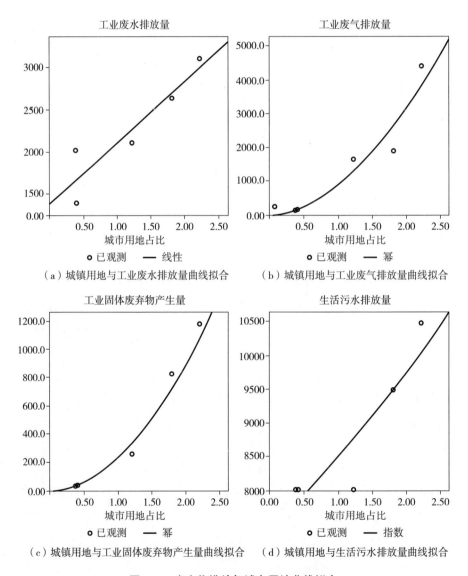

(a) 城镇用地与工业废水排放量曲线拟合　　(b) 城镇用地与工业废气排放量曲线拟合

(c) 城镇用地与工业固体废弃物产生量曲线拟合　　(d) 城镇用地与生活污水排放量曲线拟合

图 5-7　废弃物排放与城市用地曲线拟合

三、拟合结果分析

对四组曲线拟合方程自变量求一阶导，得到式（5-34）至式（5-37）：

$$dy_1/dx = 726.943 \qquad (5-34)$$

$$dy_2/dx = 1.796x^{0.796} \qquad (5-35)$$

$$dy_3/dx = 1.931x^{0.931} \qquad (5-36)$$

$$dy_4/dx = 0.136x^{(-0.874)} \qquad (5-37)$$

自变量呼和浩特市土地城镇化率在 1995~2000 年增长较慢，在2000~2015 年稳步增长，取定义域为［0.1，2.5］，由定义域得出各函数值域范围，分别为726.943、［0.287，3.725］、［0.226，4.532］、［0.061，1.018］。

1. 工业废弃物排放量拟合关系分析

在工业废水排放量与土地城镇化率关系的拟合中，dy_1/dx 的函数图像为平行于 x 轴的定值 726.943，与 y 轴交于（0，726.943），y_1 随 x 的变动维持在一个稳定的水平，既不增加，也不减少，随着土地城镇化率的增加，工业废水排放量呈现出稳定的增长。由图 5-7（a）可知，工业废水排放量与土地城镇化率之间的曲线关系呈线性，曲线向右上方倾斜，单调递增，整体变动趋势较稳定。1995~2015 年，土地城镇化率整体上升了1.84%，工业废水排放量则增加了 1092 万吨，增长了 54%。土地城镇化率始终保持较稳定的增长，工业废水排放量则表现出先下降后上升的趋势。

在工业废气排放量与土地城镇化率关系的拟合中，dy_2/dx 恒大于 0，拟合方程为单调递增函数，即工业废气排放量随土地城镇化率的增加而增加，且无拐点。由图 5-7（b）及 dy_2/dx 的表达式可以看出，工业废气排放量与土地城镇化率之间关系的斜率呈逐渐增加趋势，因而增长幅度越来越大，即（dy_2/dx）t_1 <（dy_2/dx）t_2，$t_1 < t_2$。1995~2015 年，工业废气排放量从 152.8 亿立方米增加到 4411 亿立方米，增长了 27.88 倍，而土地城镇化率仅增长了 4.84 倍，工业废气排放量的增长速度远大于土地城镇化率的增长幅度。

工业固体废弃物产生量与土地城镇化率之间的拟合关系也为单调递

增函数，且 dy_3/dx 恒大于 0，即工业固体废弃物产生量随土地城镇化率的增加而逐渐增加，且无拐点。由图 5-7（c）及 dy_3/dx 的表达式可以看出，工业固体废弃物产生量与土地城镇化率之间关系的斜率呈逐渐增加趋势，且增长幅度越来越大，即（dy_3/dx）t_1 <（dy_3/dx）t_2，t_1 < t_2。又可由图 5-7（b）、图 5-7（c）及式（5-35）、式（5-36）得知，工业固体废弃物产生量与土地城镇化率之间的增加幅度比工业废气排放量与土地城镇化率之间的增加幅度要大。1995~2015 年，工业固体废弃物产生量从 39.4 万吨增加至 1176 万吨，增长了 28.85 倍，远大于土地城镇化率的增长幅度。

2. 生活废弃物排放拟合结果分析

生活污水排放量与土地城镇化率关系拟合结果显示，拟合函数为指数函数，为向右上方斜率逐渐增加的单调函数，即（dy_4/dx）t_1 <（dy_4/dx）t_2，t_1 < t_2，且 dy_4/dx 恒大于 0。另外，由图 5-7（d）及式（5-37）可知，二者关系拟合图相似于向右上方倾斜的线性关系，增长速率呈小幅度增加趋势且较为稳定。1995~2015 年，居民生活污水排放量从 8030 万吨增加至 10465 万吨，增加了 2435 万吨，增长了 30.32%，远小于土地城镇化的增长幅度。其间，生活污水排放量在 1995~2005 年较为稳定，2005~2015 年之间有较稳定的增加。

四、Pearson 检验

为了对以上结果进行进一步的研究，选取公共设施用地、建成区绿化覆盖面积、园林绿地面积、公园绿地面积、粮食产量、粮食作物总播种面积、工业总产值、农业生产总值以及人口九项指标分别与工业废水排放量、工业废气排放量、工业固体废弃物产生量和生活污水排放量做 Pearson 相关性检验，得出如表 5-25 所示的检验结果。

表5-25　Pearson 相关性检验

环境废弃物指标及检验方法		土地城镇化指标	公共设施用地	建成区绿化覆盖面积	园林绿地面积	公园绿地面积	粮食产量	粮食作物总播种面积	工业总产值	农业生产总值	人口
工业废水排放量	Pearson 相关性		0.900*	0.913*	0.865	0.916*	0.729	0.866	0.919*	0.896*	0.834
	显著性（双侧）		0.038	0.031	0.058	0.029	0.162	0.057	0.028	0.039	0.079
	N		5	5	5	5	5	5	5	5	5
工业废气排放量	Pearson 相关性		0.993**	0.985**	0.963**	0.930*	0.870	0.796	0.953*	0.947*	0.868
	显著性（双侧）		0.001	0.002	0.008	0.022	0.055	0.108	0.012	0.015	0.056
	N		5	5	5	5	5	5	5	5	5
工业固体废弃物产生量	Pearson 相关性		0.960**	0.979**	0.928*	0.998**	0.833	0.959**	0.992**	0.989**	0.971**
	显著性（双侧）		0.009	0.004	0.023	0.000	0.080	0.010	0.001	0.001	0.006
	N		5	5	5	5	5	5	5	5	5
生活污水排放量	Pearson 相关性		0.928*	0.959*	0.948*	0.977**	0.736	0.955*	0.958*	0.958*	0.950*
	显著性（双侧）		0.023	0.010	0.014	0.004	0.156	0.011	0.010	0.010	0.013
	N		5	5	5	5	5	5	5	5	5

注：* 表示在 0.05 水平（双侧）上显著相关。** 表示在 0.01 水平（双侧）上显著相关。

　　由表 5-25 得知，工业废水排放量与公共设施用地、建成区绿化覆盖面积、公园绿地面积、工业总产值、农业生产总值指标之间具有较强相关关系，相关关系由强到弱依次为工业总产值、公园绿地面积、建成区绿化覆盖面积、公共设施用地、农业生产总值。其中，除农业生产总值 Pearson 相关性小于 0.9，为强相关关系外；其余四项指标 Pearson 相关性均大于 0.9，为极强相关关系，它们的 Pearson 显著性对应的显著水平均小于 0.05。因而可知，工业总产值、公园绿地面积、建成区绿化覆盖面积、公共设施用地四项指标的增加均对工业废水排放量的增加产生一定的促进作用。

　　工业废气排放量与公共设施用地、建成区绿化覆盖面积、园林绿地面积、公园绿地面积、工业总产值、农业生产总值指标之间具有极强的相关关系，相关关系由强到弱依次为公共设施用地、建成区绿化覆盖面积、园林绿地面积、工业总产值、农业生产总值、公园绿地面积。工业废气排放量与这六项指标之间的 Pearson 相关性结果均大于 0.9，为极强相关关系。其中，公共设施用地、建成区绿化覆盖面积、园林绿地面积均表现为 0.01 水平（双侧）上显著相关，工业总产值、农业生产总值、公园绿地面积均表现为 0.05 水平（双侧）上显著相关。因而，这六项指标的增加均对工业废气排放量的增加具有很强的促进作用。

　　工业固体废弃物产生量、生活污水排放量均与公共设施用地、建成区绿化覆盖面积、园林绿地面积、公园绿地面积、粮食作物总播种面积、工业总产值、农业生产总值以及人口指标之间具有极强相关关系。其中，工业固体废弃物产生量与这八项指标之间的相关性由强到弱依次为公园绿地面积、工业总产值、农业生产总值、建成区绿化覆盖面积、人口、公共设施用地、粮食作物总播种面积、园林绿地面积；生活污水排放量与这八项指标之间的相关性由强到弱依次为公园绿地面积、建成区绿化覆盖面积、工业总产值、农业生产总值、粮食作物总播种面积、人口、园林绿地面积、公共设施用地；工业固体废弃物产生量和生活污水排放量与此八项指标之间的 Pearson 相关性结果均大于 0.9，均表现为极强相关关系，并且两者均未与粮食产量之间存在合理的 Pearson 相关性，因而，九项指标中除粮食产量指标外，其余八项指标的增加值均对工业固体废弃物产生量和生活污水排放量的提高形成较强的促进作用。

第五节　本章小结

呼和浩特市工业废水排放与人均 GDP 库兹涅茨曲线拟合效果不佳，水资源是呼和浩特市经济发展的限制因子；工业废气与工业固体废弃物的排放与人均 GDP 拟合效果较好，然而拟合函数均单调递增，即随人均 GDP 的增加，工业废弃物的排放也随之增加，未到达拐点。在关联度分析方面，环境科技进步与政府环保措施对环境的影响较大。

通过分析土地城镇化与环境污染之间的关系发现，其一，第三产业发展对环境污染的改善作用要大于呼和浩特市第二产业产值增加对环境带来的负面作用。产业发展是经济发展的关键，也是促进居民收入增加的重要因素。其二，第三产业对城市居民收入正向影响较强，而城市居民收入的提高可正面作用于第一、第二产业的发展。第三产业可对农村居民收入的增加具有较强的促进作用。其中第三产业的发展在提高城乡居民收入水平的同时缩小城乡收入差距。其三，工业废气排放量、工业固体废弃物排放量、生活污水排放量均随呼和浩特市城镇居民人均消费性支出增长而增长，其中除却工业固体废弃物保持稳定增长速率外，其余两项增长速率均随消费的增加而上涨。生活垃圾清运量随着人均消费支出的增加而下降，且下降速率越来越快。就前三项指标考虑，可以预见，若政府不采取相应措施，呼和浩特市居民经济行为与生活行为对城市环境形成的压力将越来越大。

在人口城镇化与环境污染的关系研究中，2000~2015 年，工业废气排放量与呼和浩特市人口城镇化率同向增长，增加幅度远超人口城镇化率；工业固体废弃物产生量、生活污水排放量与人口城镇化率之间关系均为先增加后下降，但均形成稳定的下降趋势。三项环境废弃物 16 年的变化幅度除生活污水之外，均远超人口城镇化率的增长幅度，各产业从业人员数量与环境废弃物之间的相关性也进一步说明了人口的不断转移和聚集对环境造成的影响。因而，人口城镇化率的不断提高对环境污染造成了一定程度的压力，且尚未显现出明显好转。

　　通过分析土地城镇化率与环境污染之间的关系，1995～2015 年，工业废水排放量、工业废气排放量、工业固体废弃物产生量、生活污水排放量均与呼和浩特市土地城镇化率同向增长。其中，工业废水排放量与土地城镇化率呈线性规律，工业废气排放量、工业固体废弃物产生量与土地城镇化率呈单调递增的幂函数关系，生活污水排放量与土地城镇化率呈单调递增的指数函数关系。四项环境废弃物 20 年间均有大幅增加，其中，工业废气排放量与工业固体废弃物产生量增长幅度较大，分别为 26.88 倍和 28.85 倍，工业废水排放量和生活污水排放量的增长幅度较低，分别为 0.54 倍和 0.3 倍，而呼和浩特市土地城镇化增长幅度为 4.84 倍。四项环境污染指标与公共设施用地、建成区绿化覆盖面积、园林绿地面积、公园绿地面积、粮食产量、粮食作物总播种面积、工业总产值、农业生产总值以及人口九项指标之间的 Pearson 相关性结果显示，除与粮食产量指标未具有 Pearson 相关性外，其他八项指标均与四项环境指标通过不同程度的 Pearson 相关性检验，且 Pearson 相关性数值大于 0.8，至少满足 0.05 水平（双侧）上显著相关。

第六章
呼和浩特市城镇化与碳排放

20 世纪 90 年代以来，随着城镇化和工业化的迅速扩张，自然因素与人为因素共同作用下使全球气候变化明显，给全球经济社会可持续发展和自然生态环境带来的损失和风险日益增加，碳排放越来越成为人类关注的重点领域（王伟光，2015）。1880~2012 年，全球地表温度上升了 0.85℃，预计到 21 世纪末地表温度可能再上升 0.3℃~4.8℃，我国是气候变化影响最显著的国家之一，近百年来我国陆地气温增加了 0.9℃，高于全球平均水平。2015 年，联合国政府间气候变化专门委员会（Intergovernmental Panel on Climate Change，IPCC）在第五次综合评估报告中指出：自工业化以来，由于人口和经济的快速增长，全球大气 CO_2、甲烷和氧化亚氮等主要温室气体浓度大幅增加。在过去的 40 年，人类活动产生的温室气体排放总量占工业化排放总量的 50%，2005~2015 年是历史上碳排放增长率最高的十年，另外，有观点认为人类是当前全球变暖的主要原因。我国作为世界上最大的发展中国家，目前仍处于快速工业化与城市化的发展进程中，温室气体的大量排放使得治理气候变化成为了一个热点问题。为应对气候变化，国家于 2009 年制订计划，到 2020 年我国单位 GDP 温室气体排放比 2005 年下降 40%~45%、非化石能源占一次能源消费比重达到 15% 左右、森林面积增加 4000 万公顷等，进一步加强应对气候变化的工作力度（"十二五"应对气候变化国家研究进展报告，2016）。

IPCC 统计报告研究表明，由土地利用变化引起的土壤有机碳年排放量达约 1.1Pg（Climate Change 1955–Impacts，1999），占同期人类活动影响总排放量的 1/3（Houghton RA 等，1999）。2014 年欧委会提出：森林生物量和土壤有机碳是土地利用部门的两个重要碳库，认为亟须将土地利用和土地利用变化部门纳入国家减排中。因此，在今后的气候变化相关政策改革中，加强土地利用部门的碳库保护显得尤为重要（国家林业局经济发展研究中心，2014）。

呼和浩特市是内蒙古自治区重要的能源资源基地，除了煤、油、气等矿产资源外，还有丰富的太阳能、风能、生物质能等清洁能源。由于自然条件的限制和极大的人口压力，导致生态环境具有极大的脆弱性，经济发展水平相对落后，能源资源的利用增加与环境的可持续发展之间的矛盾日益突出。党的十九大报告指出，要建立健全绿色低碳循环发展的经济体系，构建市场导向的绿色技术创新体系，发展绿色金融，壮大节能环保产业清洁生产产业、清洁能源产业。推进能源生产和消费革命，构建清洁低碳安全高效的能源体系。呼和浩特市作为内蒙古的首府城市，兼顾多重功能，如何充分、合理地利用能源资源，减少碳排放、优化能源布局、将生态优势转变为特色产业优势，建设具有内蒙古特色的发展道路，实现低碳经济的绿色发展就成为了现阶段研究的热点问题。

在对碳排放研究中，国外学者侧重于对碳排放的理论研究，国内学者侧重于对碳排放理论的应用与实用性研究，各有其侧重点与优势，但二者又具有其相似的局限性，在对生态系统碳循环整体化模型、城市层面上的碳流通、不同土地利用方式碳循环的特征和土地利用结构优化等方面缺乏相关研究。土地利用作为陆地生态系统的碳源与碳汇的载体，土地利用方式的转变导致了温室气体碳排放量的迅速增长，但由于土地利用变化受自然因素与社会经济因素的共同作用，使其内在机制更为复杂，不确定性因素更多，是现阶段仍需研究的一个重点问题（赵荣钦，2016）。

第一节　数据来源及核算方式

一、数据来源

本章所需土地利用相关数据来源于两部分：一部分来源于呼和浩特市

土地利用变更调查报告；另一部分来源于遥感影像数据，地理空间数据云美国陆地卫星 1990 年、2001 年、2010 年和 2016 年卫星遥感影像，分辨率为 30 米×30 米，选取云量较小、植被长势较好月份的影像进行相关处理和土地利用类型的分类。

社会经济数据（能源消费数据、GDP、常住人口等）来自于《中国能源统计年鉴》《中国城市统计年鉴》《内蒙古统计年鉴》《呼和浩特市统计年鉴》等。

二、核算方式

1. 能源消费碳排放量核算

呼和浩特市的能源消费主要集中在煤炭、石油和天然气，依据政府间气候变化专门委员会在 2006 年公布的《IPCC 国家温室气体排放清单指南》碳排放量估算公式（IPCC，2006）：能源消费碳排放总量 = ∑（能源消费量×各类能源碳排放系数），不同国家、不同的研究部门计算出的碳排放系数不尽相同，本书中为计最终的结果更加准确，根据不同国家和不同部门计算出的碳排放系数结果（王娇等，2014），采用平均数的方式进行计算。

表 6-1　各类能源的碳排放系数

煤炭	石油	天然气	数据来源
0.70	0.48	0.39	美国能源情报局
0.76	0.59	0.45	日本能源经济研究所
0.75	0.58	0.44	国家发改委能源研究所
0.65	0.54	0.40	国家计委能源所
0.73	0.58	0.41	国家科委气候变化项目
0.75	0.58	0.44	国家环保局温室气体控制项目
0.68	0.54	0.41	中国工程院
0.72	0.56	0.42	平均值

2. 不同土地利用方式下碳排放、碳吸收总量核算

林地、草地作为陆地生态系统最主要的碳汇场所，谢鸿宇等（2008）在对全球化石能源和电力能源碳足迹的研究中表明：全球93%的碳储存在林地和草地之中，剩余7%储存在其他土地利用类型中，这里采用李颖等（2008）给出的碳排放（吸收）的计算公式：

$$E = \sum e_i = \sum T_i \times \delta_i \qquad (6-1)$$

其中，E 为碳排放（吸收）总量（克），e_i 是第 i 种土地利用方式产生的碳排放（吸收）量（克），T_i 为第 i 种土地利用方式的面积（公顷），δ_i 为第 i 种各土地利用的碳吸收系数（吨碳/公顷·年），这里使用方精云等（2004）对中国1981~2000年陆地植被碳汇估算的研究结果，林地、草地的碳汇系数为5.77吨碳/公顷·年和0.95吨碳/公顷·年。耕地碳源系数采用王刚等（2015）所给出的值-0.504吨碳/公顷·年。相关研究表明，耕地的碳吸收系数为-0.504吨碳/公顷·年；由此得到耕地的碳排放系数为0.132吨碳/公顷·年，因此，确定耕地的碳排放系数时，取其二者的差值0.372吨碳/公顷·年（王芳，2017；何勇，2006；朴世龙，2004）。综合其他研究成果，水域和其他未利用土地的碳汇系数分别为0.460吨碳/公顷·年和0.005吨碳/公顷·年（孙赫等，2015；赵荣钦等，2013；石洪鑫，2012）。建设用地因为受人为因素影响较大，碳排放系数远高于其他土地利用类型（卢娜，2011）。查阅相关文献，考虑到研究区范围较小，且相关统计年鉴缺乏早期能源消费总量等统计资料，所以将呼和浩特市整体能源消费碳排放的研究作为依据，使用呼和浩特市2005~2015年的碳排放强度平均值55.8吨碳/公顷·年作为建设用地的碳排放系数。

3. 碳排放生态压力模型

根据谢鸿宇（2008）提出的研究模型，碳足迹的公式模型可以演化为：

$$A = \frac{C_t \times Per_f}{\overline{EP_f}} + \frac{C_t \times Per_g}{\overline{EP_g}} \qquad (6-2)$$

碳足迹生态压力为：

$$EPICF = \frac{A}{S} = \frac{A}{Sf_i + Sg_i} \qquad (6-3)$$

其中，A 是生态足迹（公顷），C_t 为各类土地利用类型的碳排放总量，Per_f、Per_g 为森林和草地的碳吸收份额（%），即森林和草地在碳吸收总量中所占的比重，$\overline{EP_f}$、$\overline{EP_g}$ 为森林和草地的平均碳吸收能力（吨/公顷）（见表 6-1）。EPICF 为碳足迹生态压力（吨/公顷），Sf_i、Sg_i 为生产性土地面积（吨/公顷）（赵荣钦等，2011），即各类生产性土地面积与均衡因子和产量因子的乘积（赵钦荣，2011），森林为 1.10，草地为 0.54。吸收 1 吨碳的用地（公顷）是林地和草地所占比例与 NEP 的比值。

当 EPICF<1 时，表示碳足迹生态压力较小，即各类土地利用碳排放可以完全被生产性土地所吸收，不需要林地和草地对其进行补偿和吸收，是一种理想状态；当 EPICF=1 时，表示土地利用碳排放的压力与生产性土地的碳吸收能力处于平衡状态；当 EPICF>1 时，碳足迹超越了生产性土地面积的承受范围，环境承载压力较大。

NEP 表示植被固碳能力的大小，即 1 公顷的植被一年内所能吸收的碳排放总量，是植物在全生育期时所能吸收的碳排放量，在计算碳足迹中是一个重要的因子。NEP 在生态学中，通常是指 GPP（总初级生产量）减去植物用于（RA）自养呼吸和（RH）异养呼吸时所损失的碳量，剩下的部分即 NEP（植被的净生态系统生产量），这里使用谢鸿宇（2008）对全球森林、草地的平均碳吸收能力。

4. 碳排放风险

碳排放风险指数概念源于生态风险指数的概念，生态风险指数是为描述各土地类型和区域综合生态风险两者的相关性，利用各土地利用类型面积的比重，构造各土地类型的生态风险指数（臧淑英，2005），碳排放风险指数用于表征一个样地内综合碳排放风险的相对大小（宋洪磊，2015）。

在碳排放风险指数计算的基础上，结合呼和浩特市土地利用现状分布图，对研究区的矢量文件构建 3 千米×3 千米的网格，将研究区分为 440 个风险小区，计算各网格中心的碳排放风险指数值，将其作为小区的碳排放风险值，对研究区进行系统采样之后，利用普通克里金空间插值法，对研究区的碳排放风险进行可视化表达，以表现不同土地利用类型碳排放风险指数的时空分异。克里金空间插值法对采样点有一定的要求，要求采样点属于正态分布类型，即在插值之前需用标准平均值、均方根和平均值误差等指标对模型参数进行检验（魏媛等，2018）。通过检验，研究区数据均符合标准，所得出的土地利用碳排放风险空间分布具有一定的准确性和可信度。土地利用碳排放风险综合指数的计算公式为：

$$C_{RI} = \sum_{i}^{j} \frac{S_j P_j}{S} \qquad (6-4)$$

其中，C_{RI} 为碳排放综合风险指数，S 为研究区的总面积，S_j 为研究区第 j 类土地利用类型的面积，P_j 为第 j 类土地利用类型的碳排放系数。C_{RI} 值越大，表示碳排放风险越大，相反则风险越小。

第二节　呼和浩特市碳排放总量及碳排放压力

一、呼和浩特市碳排放总量

根据呼和浩特市土地利用实际状况，建设用地和耕地为陆地生态系统的主要碳源，林地、草地、未利用土地为主要碳汇，对碳源与碳汇分别进行核算。同时，由于未利用土地面积较小，所以在计算碳汇的碳吸收总量时，未计算未利用土地的碳吸收状况。在进行具体核算时，建设用地的碳排放主要由两部分进行核算：能源消费和电力消费所产生的碳排放。

表 6-2　呼和浩特市各类土地利用面积　　　　单位：公顷

年份	建设用地			耕地	林地	草地
	园地	城镇及工矿用地	交通运输用地			
2010	3780.9	85549.2	21417.9	565156.8	369100.6	593904.2
2013	4936.6	87549.9	23326.7	561668.1	367501.9	592748.7
2015	4814.3	91317.4	24534.4	560645.8	366417.3	589710.4

　　呼和浩特市土地总面积为 1718612.01 公顷，以耕地、林地、草地为主，建设用地总面积比例较小。2010 年林地、草地土地面积共 963004.8 公顷，占全市总面积的 56.03%；2015 年共 960250.59 公顷，占全市总面积的 55.87%，林地和草地面积分别减少了 2683.2 公顷、4193.8 公顷，共减少了 6877 公顷，面积下降速度非常快。耕地面积 5 年内减少了 4511 公顷，较 2010 年相比下降了 11.56%。建设用地面积均有所增加，园地、城镇及工矿用地面积增长较快，建设用地 2010 年共 110747.9 公顷，占全市总面积的 6.44%，2015 年 120666.1 公顷，所占比例为 7.02%，总面积增加了 9918.2 公顷。呼和浩特市的土地承载力状况，由人类活动所产生的土地利用变化强度逐渐增强，土地的承载压力逐渐增大。

表 6-3　呼和浩特市不同土地利用方式的碳排放/吸收总量

单位：万吨

年份	建设用地		耕地	碳排放总量	林地	草地	碳吸收总量
	化石燃料	电力					
2010	1295.464	226.504	7.008	1528.976	212.971	1.247	212.971
2013	1548.401	267.917	6.965	1823.283	212.049	1.245	212.049
2015	1408.591	358.266	6.952	1773.809	211.423	1.238	211.423

　　表 6-3 为 2010~2015 年呼和浩特市不同土地利用方式的碳排放和碳吸收总量，建设用地是碳排放的主要来源，电力和耕地较少。林地是碳吸收的主要土地利用类型，草地所占比例较少。呼和浩特市碳排放总量与碳吸收总量不相协调，碳排放总量随着时间的推移上下波动，碳吸收总量呈现下降趋势，碳吸收能力虽有所降低，但变化幅度较小。全市平均碳吸收总量达 1708.69 万吨，平均碳吸收总量仅 212.15 万吨，碳吸收总量仅为碳排放总量的 8.05%，碳吸收能力远低于碳排放。碳排放总量中，建设用地碳排放量所占比例从 2010 年的 85.12% 下降到 2015 年的 79.72%，电力和耕地碳排放的比例从 16.50% 上升至 21.62%，期间主要是电力的变化，耕地的变化较小，可忽略不计。2013 年碳排放总量达到了最高值，耕地所产生

的碳排放呈下降趋势，建设用地碳排放总量呈现峰值，化石燃料的使用大大增加了呼和浩特市的碳排放总量。碳吸收总量随着时间的推移逐渐降低，从 2010 年的 212.97 万吨下降到 2015 年的 211.42 万吨，林地占据碳吸收主要地位，草地的碳吸收量较小，平均仅在 1.24 万吨。

二、呼和浩特市碳排放压力

21 世纪以来，二氧化碳导致的全球变暖受到了各国学者的广泛关注，对碳排放的研究越来越成为 21 世纪的研究热点问题，碳足迹作为度量碳排放效应的重要衡量标准，更是吸引了国内外大量学者的研究。国内对碳足迹的研究主要集中在两个方面，分别为将碳足迹与地理学结合，对土地利用能源消费碳足迹的定量化研究以及对区域碳足迹时空变化的分析研究。国外对碳足迹的研究主要集中在对碳足迹模型的探索以及对不同尺度、不同产业的碳足迹研究。

碳足迹的核算方法主要有清单因子法、生命周期评价和投入产出分析等（计军平等，2011），本节使用清单因子法，对呼和浩特市的土地利用碳足迹进行核算。土地作为陆地生态系统重要的碳源与碳汇，对不同方式土地利用碳排放/吸收进行测算，及不同区域土地利用方式的碳源/碳汇进行分解，测量满足不同土地利用方式碳排放所需的碳足迹（林地、草地）的面积。

生态足迹是某一特定区域消费活动所占用的土地总量（黄宝荣，2016），近年来由于不同学科的交叉研究，生态足迹的概念得到了广泛应用，Wackernagel 等（1995）首次提出了生态足迹的模型。碳足迹的定义来源于生态足迹，不同的学者依据自身的研究特点以及研究方向，对碳足迹有不同的定义，赵荣钦等（2010）将生态足迹定义为某一特定区域消费活动所占用的土地总量。卢俊宇等（2013）认为碳足迹是反映人类活动或某种产品对生态环境产生的压力程度。黄宝荣等（2016）将碳足迹定义为吸纳碳排放所需的生产性土地或植被面积。本书主要参考赵荣钦等（2012）对碳足迹所提出的概念，依据碳排放的两大主要来源——能源消费产生的碳排放和土地利用方式转变带来的 CO_2 排放，认为碳足迹即某一特定土地利用产生的碳排放所需的吸收碳排放（陆地生态系统的主要碳库，这里主要指森林、草地）的土地面积。

表6-4 森林和草地的碳吸收系数

项目	森林	草地	资料来源
NEP（净生态系统生产量）	3.809592	0.948229	谢鸿宇（2008）
消纳1吨碳的用地（公顷）	0.262495	1.054597	谢鸿宇（2008）
平均碳吸收的比例	0.994173	0.005827	
吸收1吨碳的用地（公顷）	0.260966	0.006145	

表6-5 土地利用碳足迹、人均碳足迹及生态赤字

土地利用类型		2010年		2013年		2015年	
		森林	草地	森林	草地	森林	草地
建设用地（万公顷）	能源消费	338.0721	7.9606	404.0800	9.5149	367.5944	8.6558
	电力	59.1098	1.3919	69.9172	1.6463	93.4952	2.2015
耕地（万公顷）		1.8288	0.0431	1.8176	0.0428	1.8142	0.0427
总碳足迹（万公顷）		405.5324	0.9538	482.7141	1.1353	469.7270	1.1047
人均碳足迹（公顷）		1.4110	0.0033	1.6085	0.0038	1.5351	0.0036
生产性实际土地面积（万公顷）		267.2768	155.0625	266.1192	154.7607	265.3338	153.9675
生态赤字（万公顷）		-138.25561	154.1087	-216.5949	153.6254	-204.3932	152.8628
人均生态赤字（公顷）		-0.4810564	0.536217	-0.7217425	0.511914	-0.667952	0.499552

表6-5是基于表6-4得出的土地利用碳足迹与人均碳足迹和生态赤字的变化情况，2010～2015年总碳足迹是一个不稳定的发展过程，2010年最低，之后快速上升，2013年处于峰值，2015年缓慢下降。在碳足迹中，2010年建设用地能源消费碳足迹占总碳足迹的85.13%，电力消费和耕地仅占了14.87%。2015年能源消费碳足迹占总碳足迹的79.91%，电力消费和耕地为20.09%，能源消费碳足迹有所下降，电力和耕地碳足迹持续上

升。碳足迹比例的转变表明呼和浩特市能源消费结构在发生变化，由传统单一的化石能源为主的消费结构正在向以化石能源消费为主、电力消费为辅的综合结构性转变。呼和浩特市土地利用人均碳足迹 2010 年到 2013 年不断上升，2013 年到 2015 年缓慢下降，这与碳排放变化相对应，由于 2013 年碳排放总量最大，即所需的人均碳足迹面积最大，环境的承载压力较大，2010 年环境承载压力相对较小。

生态赤字是生产性实际土地面积与碳足迹之差，正值表示生态盈余，负值表示生态赤字。2010 年呼和浩特市生态赤字 310.19 万公顷，2015 年为 375.22 万公顷，平均每年增长 13.01 万公顷。平均人均生态赤字 1.199 公顷，最大值出现在 2013 年，达到 1.292 公顷，上升幅度不大。人均生态赤字均在 1 公顷以下，林地生态赤字逐年增长，但低于目前全球人均生态足迹 1.8 公顷的国际标准，呼和浩特市以其丰富的林地和草地等植被，吸收了大量来自建设用地和耕地带来的碳排放，人均生态赤字较小。林地的生态赤字均为正值，且值较大，说明呼和浩特市的生态压力较大，碳足迹所需的面积远远大于生产性的土地实际面积，目前全市所拥有的林地土地面积完全不能承载土地利用所释放的二氧化碳。草地的生态赤字均为负值，为生态盈余，呼和浩特市目前现有的草地面积具有足够的能力对碳排放进行吸收。

表 6-6　呼和浩特市土地利用碳足迹生态压力

年份	碳足迹生态压力
2010	0.96246
2013	1.14961
2015	1.12289

表 6-6 显示，EPICF（碳足迹生态压力）从 2010 年的 0.96246 上升到 2015 年的 1.2289，年均变化率为 5.35%，总体呈上升趋势。2010 年 EPICF <1，呼和浩特市碳足迹生态压力较小，各类土地利用碳排放可以被生产性土地面积完全吸收，不需要林地和草地对碳排放进行补偿，总体上

处于平衡状态，呈现人与自然协调发展的状态，是一种较为理想的发展趋势。2010 年以后，随着土地利用的碳排放和碳足迹畸形发展，2015 年碳足迹生态压力达到了 1.12，碳足迹超越了生产性土地面积所能承受的范围，环境承载压力增强。

第三节　呼和浩特市市辖区城镇化过程中的碳排放风险及压力

一、市辖区城镇化过程中的碳排放总量

林地、草地作为陆地生态系统最主要的碳汇场所，谢鸿宇等（2008）在对全球的化石能源和电力能源碳足迹的研究中表明：全球 93% 的碳储存在林地和草地之中，剩余 7% 储存在其他土地利用类型中。查阅相关文献，考虑到研究区域较小，且相关统计年鉴缺乏早期能源消费总量等统计资料，所以本书以对呼和浩特市整体能源消费碳排放的研究为依据，使用呼和浩特市 2005~2015 年的碳排放强度平均值 55.8 吨碳/公顷·年作为建设用地的碳排放系数。

表 6-7　1990~2016 年呼和浩特市不同土地利用方式碳排放总量变化

单位：万吨

年份	耕地	林地	草地	水域	建设用地	未利用土地	碳排放总量
1990	3.0766	-20.9888	-4.9672	-0.2134	65.4641	-0.0103	42.3609
2001	2.6938	-23.5496	-4.5988	-0.1794	157.7897	-0.0007	132.1550
2010	2.5392	-23.7466	-4.3436	-0.1863	218.0986	-0.0050	192.3562
2016	2.3802	-23.4778	-4.3015	-0.1829	255.1591	-0.0044	229.5728

  表 6-7 是 1990~2016 年呼和浩特市不同土地利用方式碳排放量和碳吸收的变化，净碳排放从 1990 年的 42. 36 万吨上升至 2016 年的 229. 57 万吨，26 年净碳排放量提高了 187. 21 万吨。碳排放总量从 65. 54 万吨上升至 257. 54 万吨，以平均每年 92. 29% 的速率增长，1990~2001 年碳排放总量增长最快，2001 年比 1990 年碳排放总量增长了 1. 2 倍。建设用地和耕地是碳排放的两大主要来源，建设用地碳排放总量占比从 1990 年的 95. 51% 上升至 2016 年的 99. 08%，耕地碳排放总量从 1990 年的 7. 26% 下降至 2016 年的 1. 04%。碳吸收总量整体变化不大，1990 年碳吸收总量为 26. 18 万吨，2016 年碳吸收总量为 27. 97 万吨，期间碳吸收总量在 2010 年达到最大值 28. 33 万吨。碳吸收以林地吸收为主，其次为草地，水域和未利用土地吸收较少。林地碳吸收占有较大比例且逐年上升，但上升幅度不大，平均维持在 82. 81% 左右；草地的碳吸收量逐年下降，从 1990 年的 18. 97% 下降至 2016 年的 15. 38%。

  呼和浩特市碳排放总量呈现快速上升趋势，碳排放以建设用地为主，耕地占比较小。碳吸收变化幅度较小，维持在稳定水平，碳吸收以林地为主，其次为草地，水域和未利用土地吸收总量较小，可以忽略不计。

  根据表 6-7 折算的研究区不同土地利用类型的碳排放与碳吸收状况，利用 ArcGIS 软件对研究区的碳排放与碳吸收空间分布状况进行分类，进行空间差异化表达，分析各时段上不同土地利用方式的碳排放空间格局。ArcGIS 提供的主要分类方法有：Defined Interval、Equal Interval、Quantile、Standard Deviation、Natural Breaks、Geometry Interval 六类，各方法具有各自的优势，充分考虑各方法适用性与普遍评价，这里使用 Natural Breaks（自然断点分类）方法，最佳自然断裂法是 Jenks 提出的一种地图分级算法，是指类内差异最小，类间差异最大，其原理是使用统计上的方差来衡量，通过计算各土地利用类型的方差，之后计算这些方差的和，实现一个小聚类，方差和的大小用来衡量各土类的优劣，值越小，分类结果越好。根据自然断裂方法，将呼和浩特市碳排放和碳吸收综合划分为 10 个等级。

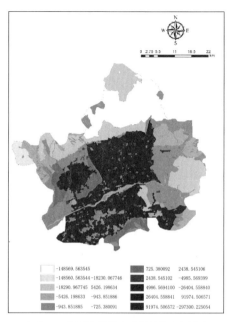

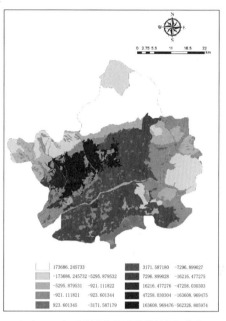

（a）1990年呼和浩特市碳排放量空间分布　　（b）2001年呼和浩特市碳排放量空间分布

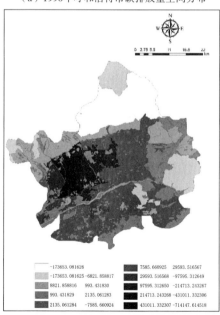

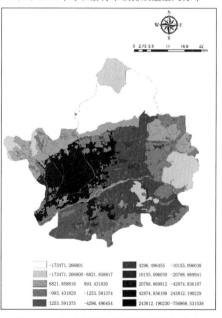

（c）2010年呼和浩特市碳排放量空间分布　　（d）2016年呼和浩特市碳排放量空间分布

图 6-1　1990~2016 年呼和浩特市市辖区不同土地利用方式碳排放量空间分布

图 6-1 为呼和浩特市碳排放总量的空间分类结果，1990 年碳排放值域为 [-14.86，29.73]，2016 年碳排放值域为 [-17.35，75.69]，出现极端效应，区域差异显著。1990 年碳排放高值区分布于北部大青山与东河、大黑河围绕的大部分区域，其次为市区中心和南部区域以耕地为主的地带。随着建设用地的扩张方向，2001 年高排放区向东北方向扩张，由于这一时期建设用地面积的快速增加，碳排放增加值达到三个时段内的峰值。2001~2016 年，碳排放总量稳步上升，高值区逐渐扩大，不断向南发展。碳吸收高值区主要位于北部和东南部，北部和东南部分布大量的林地和草地，以林地吸收为主。虽然林地和草地具有一定的碳吸收能力，但因为两者的总面积变化不大，在一定程度上，碳吸收具有局限性，碳吸收能力相对较弱。

在研究期内，所研究的区域土地利用类型碳排放区域具有显著差异，城区西部作为呼和浩特市的经济发展中心，是市区的生产生活聚集区，集聚了生产生活发展所需的工业、交通、商业等生产活动，碳排放量较大。随着城市化进程的加快，对城市用地的进一步开发，各土地利用类型的内部不断转换，必然带来大量的碳排放。

表 6-8 1990~2016 年呼和浩特市碳源、碳汇总量 单位：万吨，%

区域	指标	1990 年	2001 年	2010 年	2016 年
回民区	碳源	10.4049	22.6208	24.6981	27.8706
	碳汇	-3.9015	-3.3458	-3.3134	-3.2872
	碳吸收率	0.3750	0.1479	0.1342	0.1179
赛罕区	碳源	28.8443	62.5137	103.4318	125.4288
	碳汇	-4.7196	-4.9566	-13.2195	-4.8673
	碳吸收率	0.1636	0.0793	0.1278	0.0388
新城区	碳源	18.2939	46.8182	48.9815	55.7487
	碳汇	-17.2349	-19.4644	-19.3932	-19.3301
	碳吸收率	0.9421	0.4157	0.3959	0.3467

续表

区域	指标	1990 年	2001 年	2010 年	2016 年
玉泉区	碳源	10.9977	28.3699	41.6006	48.1306
	碳汇	-0.3279	-0.5330	-0.5418	-0.4472
	碳吸收率	0.0298	0.0188	0.0130	0.0093

1990 年呼和浩特市碳源排放 68.54 万吨，碳汇 26.18 万吨，碳吸收率为 38.20%。碳源 42.83% 来自于赛罕区，其次为新城区，主要是因为赛罕区和新城区建设用地面积占所研究区建设用地面积的 68%，回民区和玉泉区比例较小。碳汇总量为 26.18 万吨，新城区吸收了碳源的 65%，35% 集中在回民区、赛罕区和玉泉区，回民区碳吸收能力最低。至 2016 年，呼和浩特市碳源排放 257.18 万吨，碳汇 27.93 万吨，碳吸收率为 18.86%，碳源增加了 188.64 万吨，碳汇基本保持原有水平，碳吸收能力下降了 27.34%。

新城区因为区域内分布有大量林地和草地，1990 年碳吸收能力基本与碳源持平，之后随着区内草地和未利用土地被大量开发为建设用地，碳吸收能力大大下降，但与其他三个区相比，仍属较高水平。玉泉区总面积较少，区内主要土地类型为耕地和建设用地，碳吸收能力最高时仅为 2.98%。赛罕区和回民区各类土地类型交叉分布，碳源型土地与碳汇型土地并存，但吸收能力在逐年下降。

二、市辖区城镇化过程中的碳排放风险

碳排放风险指数概念源自于生态风险指数的概念，生态风险指数是为描述各土地类型和区域综合生态风险两者的相关性，利用各土地利用类型面积的比重，构造各土地类型的生态风险指数，碳排放风险指数用于表征一个样地内综合碳排放风险的相对大小。

C_{RI} 为碳排放综合风险指数，S 为研究区的总面积，S_j 为研究区第 j 类土地利用类型的面积，P_j 为第 j 类土地利用类型的碳排放系数。C_{RI} 值越大，表示碳排放风险越大，相反，则风险越小。

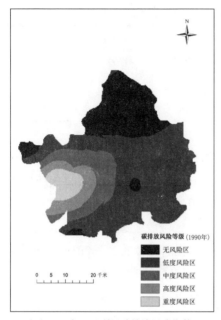

（a）1990年土地利用碳排放风险指数

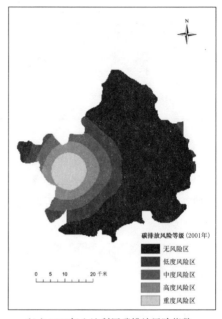

（b）2001年土地利用碳排放风险指数

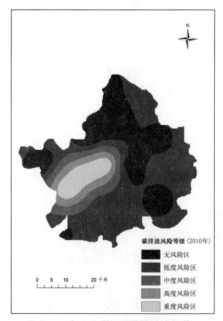

（c）2010年土地利用碳排放风险指数

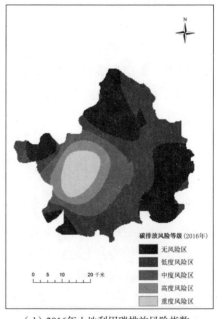

（d）2016年土地利用碳排放风险指数

图6-2　1990~2016年呼和浩特市土地利用碳排放风险指数

图 6-2 为呼和浩特市 1990~2016 年土地利用碳排放风险指数时空分布状况，碳排放风险指数为负值的区域多分布在北部和东部以林地和草地为主的区域，但负值的面积在逐年减少，碳排放风险为正值的区域越来越大，由西部以建设用地为主的地带呈同心圆状向外扩张，面积越来越大。1990 年土地利用碳排放风险指数为 [-5.13，32.37]，2001 年综合碳排放风险指数为 [-5.74，54.86]，2010 年综合碳排放风险指数为 [-5.13，54.23]，2016 年综合碳排放风险指数为 [-5.13，60.51]。与 2001 年、2010 年和 2016 年相比，1990 年呼和浩特市综合风险指数总体较低，说明了 1990 年呼和浩特市土地利用碳排放风险程度较小，随后快速增加，至 2016 年，土地利用碳排放风险指数达到最大值。

从碳排放风险空间分布来看，高碳排放风险主要分布在城市建设用地范围内，低排放风险区主要分布在离城市用地较远的具有较高吸收能力的林地与草地地区，碳排放风险指数随城镇的向外扩张，呈现由高向低的变化趋势，碳排放为负值的区域面积逐渐缩小，高风险值区域面积不断扩大，这在一定程度上说明了土地利用类型间的相互转化影响着区域碳排放的整体趋势。

三、市辖区城镇化过程中的碳排放压力

表 6-10 为基于表 6-9 得出的 1990~2016 年呼和浩特市市辖区碳足迹、生态承载力及生态赤字的变化情况，不同区域变化差异显著，呈波动上升趋势。整体上来说，赛罕区由于碳足迹增长最快，生态赤字变化最明显。回民区变化较慢，生态赤字较小。1990~2016 年市辖区碳足迹总量由 27.33 公顷上升至 102.54 公顷，生态赤字则从 16.89 公顷上升至 91.40 公顷，二者在 1990~2001 年变化尤为显著，生态承载力基本保持不变，1990~2010 年缓慢上升，随后又下降至 2001 年的承载力水平。赛罕区碳足迹增量最快，1990 年至 2016 年，碳足迹从 11.5002 公顷上升至 50.0085 公顷，占碳足迹总量的 51.20%，其次为新城区、玉泉区、回民区，回民区增量较小，仅有 6.9636 公顷，占全区的 9.26%。

从趋势上分析，四个区的生态赤字不断扩大，生态赤字差异显著。赛

罕区生态赤字增量最显著,1990~2016 年共增加了 38.45 公顷,占区域生态赤字增量的 51.61%,回民区的生态赤字增量最小,仅占全区的 9.67%。1990 年赛罕区碳足迹最高,回民区和玉泉区较低,均出现了生态赤字,赛罕区生态赤字较高,新城区最低,碳吸收与碳排放基本属于平衡状态,是比较理想的一种状态。2016 年赛罕区碳足迹最高,回民区最低,四区均出现了生态赤字,赛罕区生态赤字最高,回民区最低。

表 6-9 主要生物生产性土地碳吸收系数

项目	林地	草地	资料来源
NEP（吨/公顷）	3.8096	0.9482	谢鸿宇（2008）
消纳 1 吨碳的用地面积（公顷）	0.2625	1.0546	谢鸿宇（2008）
碳吸收的比例（%）	82.8043	17.1957	
吸收 1 吨碳的用地面积（公顷）	0.2173	0.1814	

表 6-10 1990~2016 年呼和浩特市生态承载力变化趋势

区域	指标	1990 年	2001 年	2010 年	2016 年
回民区	碳足迹	4.1484	9.0189	9.8471	11.1120
	生态承载力	1.5555	1.3340	1.3210	1.3106
	生态赤字	2.5929	7.6849	8.5261	9.8014
赛罕区	碳足迹	11.5002	24.9242	41.2383	50.0085
	生态承载力	1.8817	1.9762	5.2706	1.9406
	生态赤字	9.6185	22.9480	35.9677	48.0679
新城区	碳足迹	7.2938	18.6664	19.5289	22.2270
	生态承载力	6.8716	7.7605	7.7321	7.7069
	生态赤字	0.4222	10.9060	11.7968	14.5201
玉泉区	碳足迹	4.3848	11.3111	16.5862	19.1897
	生态承载力	0.1308	0.2125	0.2160	0.1783
	生态赤字	4.2540	11.0985	16.3702	19.0114

碳足迹压力指数用来反映人类活动对陆地生态系统的扰动能力，通常用碳源与碳汇的比值来表示碳足迹生态压力的大小（韦良焕等，2017；杭晓宁等，2018），以 1 为临界值，当生态压力指数大于 1 时，表明区域生态系统的碳排放量多于碳吸收量，生态系统的承载能力较弱，生态风险高。当碳足迹压力指数等于 1 时，区域生态系统碳排放量能完全被吸收，是一种均衡状态。当生态压力指数小于 1 时，碳排放不仅能完全被吸收，而且还有更大的吸收能力，是一种理想状态。

通过计算呼和浩特市市辖区 1990~2016 年各区域不同土地利用方式的碳足迹压力指数，将各年平均值作为压力指数值，最终将研究区分为一般生态压力区、高度生态压力区和重度生态压力区三类：

（1）一般生态压力区主要分布于新城区，新城区碳排放强度较小，碳汇效应较强，生态压力指数相对较低。新城区区域内部分布有占区域总面积约 40% 的林地和 30% 的草地，具有较强的碳吸收能力，故而生态压力指数相对较低。

（2）高度生态压力区主要分布于赛罕区和回民区，碳排放生态压力指数为 [6.34，13.08]。

（3）玉泉区属于重度生态压力区，具有极高的碳排放强度和极低的碳汇效应，形成强烈的对比。玉泉区由于面积狭小，人口高度集中，林地与草地等具有吸收能力的土地类型稀少，人类活动对生态环境的扰动能力较强，生态压力较大。

第四节　本章小结

从整体上来说，2010~2015 年呼和浩特市的碳排放量与碳吸收量不相契合，年均碳吸收量仅为年均碳排放量的 8.05%，碳排放总量远大于碳吸收总量。碳排放总量 2010 年最少，之后逐渐上升，2013 年达到峰值，之后碳排放总量有所下降。在不同的土地利用方式中，建设用地的碳排放是呼和浩特市碳排放的主要来源，耕地和电力的碳排放总量较小，所占比例较低。林地和草地的碳吸收总量随着年份的变化逐渐降低。

呼和浩特市碳足迹以及碳足迹生态压力与碳排放总量变化情况相适应。碳排放总量在 2013 年达到峰值，碳足迹和碳足迹生态压力均在 2013 年达到峰值。所以，呼和浩特市要在经济快速发展的同时实现低碳经济和可持续发展，就必须注重对环境的保护，降低建设用地的能源消费碳排放总量，加强对具有碳吸收能力的生产性实际土地类型的保护，以实现低碳经济和可持续发展。

从市辖区角度来看，碳排放风险空间分布与土地利用分布相契合，碳排放风险随着时间推移逐渐增大，呈明显上升趋势。碳排放主要来自于建设用地和耕地，建设用地碳排放占碳排放总量的 95% 以上，占据较大比例，林地和草地为主要的碳吸收土地利用类型；碳排放风险空间分布与土地利用分布同步变化，随着建设用地扩张，对应碳排放风险高值区面积向东部和南部地区转移，其他土地类型对应相对低值区。

市辖区不同区域碳足迹和生态赤字的差异呈现逐年扩大趋势，均属于生态压力区，且生态压力指数差异较大，碳排放压力系统循环过度。通过对研究区碳排放效应进行评估，用各区域不同土地利用方式的碳足迹压力指数可以将市辖区分为以新城区为主的一般生态压力区、以赛罕区和回民区为主的高度生态压力区和以玉泉区为主的重度生态压力区三类。

第七章
呼和浩特市生态文明城市
建设水平评价及策略措施

第一节　呼和浩特市生态文明城市建设评价体系构建

一、呼和浩特市生态文明城市建设评价指标体系构建原则

本书选取的呼和浩特市生态文明城市建设指标体系，参考了相关文献以及中共中央办公厅发布的《生态文明建设目标考核办法》，并且依据呼和浩特市的整体情况，采用定量和定性分析方法进行筛选。定性分析法是选取能够代表评价对象的指标，根据评价指标的可行性以及数据的可获得性；定量分析是利用统计软件排除相关性较大的指标，对定性分析选取的指标进行相关性检验，通过定性和定量的分析使指标的选取更加具有代表性和科学性。

1. 构建要求

建设呼和浩特市生态文明城市是一个系统的、动态的过程，需要考虑多方面的因素、涉及多领域内容，要综合考虑经济、生态文明以及社会服务等各个方面的均衡发展。另外，还受到呼和浩特市产业结构、发展政策等因素影响。即要构建一套科学的，且能够代表呼和浩特市生态文明程度的指标体系，需要考虑的因素有很多，包括指标的可获取性以及可度量性、指标内涵是否能够准确测算生态文明建设程度等。所以，能够准确度

量呼和浩特市生态文明建设水平的指标体系，应符合以下三个要求：

（1）为避免各指标间相关性过高，要求各个指标具有明确的含义，且在选取指标的过程中考虑该指标是否具有代表性，只有满足以上两个条件，才能选取出能够真实反映评价对象的指标体系。

（2）在指标选取的过程中应避免晦涩难懂的指标，让大众都能理解指标的含义以及选取的理由，所以指标筛选的过程中还需注重指标含义是否通俗易懂。

（3）构建评价呼和浩特市生态文明建设情况的指标体系，在整体上能够科学、真实地反映呼和浩特市在资源节约利用和生态环境保护上的投入程度，并且通过综合分析能够体现经济和生态环境的发展状况；在各指标上又能反映出城市生态文明建设的短板所在。

2. 构建原则

构建评价指标体系的意义，通过一套科学合理的指标体系能够准确、客观地测量评价对象的完成情况，是衡量呼和浩特市生态文明建设阶段的重要依据，也是今后解决生态文明建设中存在问题的重要理论支撑。所以，指标的选取应遵循以下原则：

（1）特征性。我国政府将生态文明写入党的十七大报告以来，越来越多的学者开始重点关注生态文明建设，大多将研究区域划定为各省、市、县。本书在构建适合呼和浩特市城市生态文明建设指标的过程中，依托于该市的实际情况，选取能够代表和反映呼和浩特市特征的指标体系，始终遵循特征性原则。

（2）系统性。城市生态文明建设不仅要求改善生态环境，而且要整合经济建设、生态保护、社会公共服务等多方面，是一个复杂的系统工程，所以在指标体系构建过程中要从整体性、全局性的角度考虑，要遵循指标选取的系统性原则。

（3）可比性。评价指标体系的构建，不仅要考虑代表性、特殊性，更应注意其横向可比性。

（4）实用性。在指标选取的过程中，还需要考虑指标的可获得性和获取数据的真实性，这样评价结果才能为呼和浩特市生态文明建设提供有力的理论依据。所以，在选取指标时要恪守实用性原则，使结果真实可靠。

二、呼和浩特市生态文明城市建设评价指标体系选择

本书经过参考相关文献，并参照 2016 年中共中央办公厅、国务院发布的《生态文明建设目标评价考核办法》，综合考虑呼和浩特市现阶段生态文明建设的整体战略布局，将指标体系初步划分为经济发展质量、资源节约利用、生态建设与环境保护、社会机制建设四个方面，为了能够反映出呼和浩特市城市生态文明建设的实际水平，又将四个二级指标细化为 20 个三级指标。

1. 呼和浩特市生态文明城市建设评价指标的筛选

在筛选呼和浩特市生态文明城市建设水平评价指标过程中发现，有很多相关性较强的指标对评价对象有影响，为了使得评价指标体系科学、合理，在选取三级指标时应尽量选取相关性较小的指标，而非选取的指标越多越好，指标要具有代表性，如果选取的指标相关性较强，会影响评价结果的可靠性，这主要是由于评价指标的重叠性导致的。但是，在选取三级指标时，又不能为了避免指标间重复而只选取一个指标，以免片面地对二级指标进行测度。所以，构建一套科学合理的指标体系，需要借助计量软件对指标进行相关性计算，剔除相关性较强的指标，这样才能使评价结果更加真实可靠，对呼和浩特市生态文明城市的建设具有指导意义。

在指标体系选取的初期，尽可能囊括所能代表二级指标的相关数据，然后采用多元统计分析法进行相关性筛选，这样既能保证指标选取的全面性，又排除了指标间由于重叠率过高而导致评价结果失真现象的产生。考虑各种因素的存在，本书在三级指标初选的过程中，仅选取了经济发展质量指标进行演示，经济发展质量二级指标下初选的三级指标原始数据如表 7-1 所示。

表 7-1　2006~2015 年呼和浩特市经济发展质量原始数据

年份	GDP 增长率（%）	人均 GDP（万元）	第三产业占GDP 比重（%）	科教文卫支出占财政支出比例（%）	人均财政收入（万元）	人均全社会消费品零售额（万元）
2006	18.10	3.49	55.29	20.43	0.24	1.68
2007	18.1	4.18	56.62	21.42	0.34	1.97
2008	14.1	5.12	58.57	20.24	0.57	2.47
2009	15.9	5.88	59.16	20.99	0.71	2.38
2010	13.0	6.55	58.71	23.53	0.84	2.71
2011	11.3	7.53	58.69	20.16	0.98	3.08
2012	10.9	8.39	62.47	20.52	1.07	3.49
2013	10.0	9.06	64.46	21.67	1.20	3.84
2014	8.0	9.60	66.36	21.92	0.70	4.16
2015	8.3	10.15	67.86	22.69	0.81	4.44

　　对经济发展质量数据进行相关性检验，所用工具为 SPSS17.0，表 7-2 为输出结果：其中，X1、X2、X3、X4、X5、X6 分别代表 GDP 增长率、人均 GDP、第三产业占 GDP 比重、科教文卫支出占财政支出比例、人均财政收入和人均全社会消费品零售总额。

表 7-2　经济发展质量各指标相关性分析

		GDP增长率（%）	人均GDP（万元）	第三产业占 GDP比重（%）	科教文卫支出占财政支出比例（%）	人均财政收入（万元）	人均全社会消费品零售总额（万元）
GDP增长率（%）	Pearson 相关性	1	-0.971**	-0.907**	-0.345	-0.729*	-0.974**
	显著性（双侧）		0.000	0.000	0.329	0.017	0.000
	N	10	10	10	10	10	10

续表

		GDP 增长率 （%）	人均 GDP （万元）	第三产业 占 GDP 比重 （%）	科教文 卫支出占 财政支 出比例 （%）	人均财 政收入 （万元）	人均全社 会消费品 零售总额 （万元）
人均 GDP （万元）	Pearson 相关性	-0.971**	1	0.946**	0.390	0.759*	0.989**
	显著性（双侧）	0.000		0.000	0.265	0.011	0.000
	N	10	10	10	10	10	10
第三产业占 GDP 比重 （%）	Pearson 相关性	-0.907**	0.946**	1	0.427	0.570	0.972**
	显著性（双侧）	0.000	0.000		0.219	0.085	0.000
	N	10	10	10	10	10	10
科教文卫支出 占财政支出比例 （%）	Pearson 相关性	-0.345	0.390	0.427	1	0.164	0.389
	显著性（双侧）	0.329	0.265	0.219		0.652	0.267
	N	10	10	10	10	10	10
人均财政 收入 （万元）	Pearson 相关性	-0.729*	0.759*	0.570	0.164	1	0.687*
	显著性（双侧）	0.017	0.011	0.085	0.652		0.028
	N	10	10	10	10	10	10
人均全社会 消费品零售 总额（万元）	Pearson 相关性	-0.974**	0.989**	0.972**	0.389	0.687*	1
	显著性（双侧）	0.000	0.000	0.000	0.267	0.028	
	N	10	10	10	10	10	10

注：**表示在 0.01 水平（双侧）上显著相关。*表示在 0.05 水平（双侧）上显著相关。

2. 呼和浩特城市生态文明建设评价指标体系的确立

上述检验的目的是将经济质量体系中相关性高的指标剔除，主要是为了避免指标间相关性过高而对评价对象测度产生偏差，但是在剔除相关性高的指标时，还应该考虑评价对象是否具有代表性，尽量舍弃代表性不强的指标。根据上述输出结果可以看出：人均 GDP 指标与人均全社会消费品零售总额指标的相关系数为 0.989，即存在显著相关性，选择两者中更具代表性的指标，因此剔除人均全社会消费品零售总额指标，最终通过相关系数筛选后的经济发展质量指标，筛选后的经济发展质量的三级指标如表7-3 所示。

表 7-3　经济发展质量指标

二级指标	三级指标	计量单位
经济发展	GDP 增长率	%
	人均 GDP	万元
	第三产业占 GDP 比重	%
	科教文卫支出占财政支出比例	%
	人均财政收入	万元

本书根据经济发展质量的筛选过程，对资源环境利用、生态建设与环境保护以及社会机制建设三个二级指标体系进行筛选，从相关性高以及是否具有代表评价对象两个方面考虑，这样能够保证指标间不具有重复性，而且能够涵盖所有本子系统，其目的是使评价结果更加真实可靠。最终评价指标体系如表7-4 所示。

表 7-4　呼和浩特市城市生态建设评价指标体系

系统分类	指标名称及单位	指标代码	指标属性
经济发展	GDP 增长率（%）	X1	正指标
	人均 GDP（万元）	X2	正指标
	第三产业占 GDP 比重（%）	X3	正指标
	科教文卫支出占财政支出比例（%）	X4	正指标
	人均财政收入（万元）	X5	正指标
资源利用	单位 GDP 能耗（吨标准煤/万元）	X6	逆指标
	工业固体废弃物综合利用率（%）	X7	正指标
	清洁能源率使用率（%）	X8	正指标

系统分类	指标名称及单位	指标代码	指标属性
生态建设与环境保护	造林面积（千公顷）	X9	正指标
	烟（粉）尘排放总量（万吨）	X10	逆指标
	二氧化硫排放总量（万吨）	X11	逆指标
	城镇污水处理率（%）	X12	正指标
	建成区绿化覆盖率（%）	X13	正指标
	工业废水排放量（万吨）	X14	逆指标
	生活垃圾无害化处理率（%）	X15	正指标
	环保投资指数（%）	X16	正指标
社会机制建设	城镇人均道路面积（平方米）	X17	正指标
	城市居民人均可支配收入（万元）	X18	正指标
	每万人拥有公交车辆数（标台）	X19	正指标
	公众对城市环境保护的满意率（%）	X20	正指标

第二节　呼和浩特市生态文明城市建设水平评价

一、数据处理

根据评价目的，选取基于熵值权重的 GRA-TOPSIS 评价方法。评价过程主要分为三步：第一，采用熵值法确定指标数据的权重；第二，采用灰色关联分析法确定各二级指标的关联程度；第三，使用 TOPSIS 分析法确定各指标的正、负理想值，得出各个二级指标距离正理想解的距离，以此来确定呼和浩特市生态文明城市建设的现状。该评价方法的优点：评价方法完全依赖于指标数据以及指标数据间的 Euclid 距离进行排对，减少了人为因素对权重信息的影响，这样测度的生态文明城市建设水平评价更加精确。

假设准则层中有 $A = \{A_1, A_2, \cdots, A_m\}$ 评价年度，共包含 $I = \{I_1, I_2, \cdots, I_m\}$ 评价指标。其中，记 $M = \{1, 2, \cdots, m\}$，记 $N = \{1, 2, \cdots, n\}$。设初始样本为 $X = (x_{ij})_{m \times n}$，其中，$x_{ij}$ 为第 i 个评价年度在第 j 个指标下的观测值，其中，$i \in M$，$j \in N$。则基于熵值权重的 GRA-TOPSIS 的评价步骤如下：

首先，数据处理采用极差法处理，处理后的矩阵 $Y = (y)_{m \times n}$。对于正向指标，处理方法为：

$$y_{ij} = \frac{x_{ij} - \min\limits_i\{x_{ij}\}}{\max\limits_i\{x_{ij}\} - \min\limits_i\{x_{ij}\}} \qquad (7-1)$$

对于逆向指标，处理方法为：

$$y_{ij} = \frac{\max\limits_i\{x_{ij}\} - x_{ij}}{\max\limits_i\{x_{ij}\} - \min\limits_i\{x_{ij}\}} \qquad (7-2)$$

其次，根据熵值法确定各个评价指标权重 $\omega = (\omega_1, \omega_2, \cdots, \omega_n)$。基于此，计算加权规范阵 $Z = (z_{ij})_{m \times n}$，式中，$z_{ij} = \omega_{ij} \times y_{ij}$。而后从中确定加权规范化矩阵 Z 的正理想值 z^+ 和负理想值 z^-。在现有的基础上，计算出各评价单元到正理想值 z^+ 和负理想值 z^- 的 Euclid 距离 d_i^+ 和 d_i^-，各评价单元正负理想值的灰色关联系数矩阵 R^+ 和 R^- 为 $R^+ = (r_{ij}^+)_{m \times n}$，$r_{ij}^+ = \dfrac{\rho\omega_j}{\omega_j - z_{ij} + \rho\omega_j}$，其中，$\rho \in (0, \infty)$，称为分辨系数，$\rho$ 越小，分辨力越大，一般 ρ 的取值区间为 $(0, 1)$，具体取值可视情况而定。当 $\rho \leqslant 0.5463$ 时，分辨力最好，通常 $\rho = 0.5$。

再次，各评价单元与正理想值和负理想值的灰色关联度为 r_i^+、r_i^-，$r_i^+ = \dfrac{1}{n}\sum\limits_{j=1}^{n} r_{ij}^+$，$r_i^- = \dfrac{1}{n}\sum\limits_{j=1}^{n} r_{ij}^-$，分别对距离 d_i^+ 和 d_i^- 以及关联度 r_i^+、r_i^- 进行无量纲化处理，得到 D_i^+、D_i^-、R_i^+、R_i^-：

$$D_i^+ = \frac{d_i^+}{\max\limits_i d_i^+}$$

$$D_i^- = \frac{d_i^-}{\max\limits_i {}^{d_i^-}}$$

$$R_i^+ = \frac{r_i^+}{\max\limits_i {}^{r_i^+}}$$

$$R_i^- = \frac{r_i^-}{\max\limits_i {}^{r_i^-}} \tag{7-3}$$

最后，将确定的无量纲化距离和关联度合并，由于 D_i^- 和 R_i^+ 数值越大，评价年度越接近正理想值，而 D_i^+ 和 R_i^- 数值越大，评价年度越远离正理想值。设 $S_i^+ = \alpha D_i^+ + \beta R_i^-$，$S_i^- = \alpha D_i^- + \beta R_i^+$，其中，$\alpha$ 和 β 反映了评价者对评价年度的关注程度，并且满足 $\alpha + \beta = 1$，且 α，$\beta \in [0, 1]$，一般取值 $\alpha = \beta = 0.5$。S_i^+ 综合反映了评价年度与正理想值的接近程度，其值越大方案越优，S_i^- 则反映了评价年度与理想值的远离程度，其值越大方案越劣。

构造评价年度的相对贴近度 $C_i^+ = S_i^+ / (S_i^+ + S_i^-)$，按照相对贴近度的大小对评价年度进行排序。

二、呼和浩特市生态文明城市建设水平评价结果

采用 2006~2015 年数据对呼和浩特市生态文明城市建设水平进行评价，根据已选取的指标数据，从四个层面来测度目前呼和浩特市生态文明城市建设过程中存在的问题和不足，以此为依据制定下一阶段的发展目标。

在选取的指标体系中，存在着对生态文明建设产生正向作用和负向作用的指标，所以在评价之前需要对数据进行标准化处理。例如，经济建设和社会机制建设对生态文明建设都有积极的影响，所以指标越大越好；相反，污染排放指标则越小越好。根据数据标准化步骤对指标进行处理，结果见表 7-5。

表 7-5 呼和浩特市生态文明评价指标标准化

指标代码	2006 年	2007 年	2008 年	2009 年	2010 年	2011 年	2012 年	2013 年	2014 年	2015 年
X1	1.000	1.000	0.604	0.782	0.495	0.327	0.287	0.198	0.000	0.030
X2	0.000	0.104	0.245	0.359	0.459	0.607	0.736	0.836	0.917	1.000
X3	0.000	0.106	0.261	0.308	0.272	0.270	0.571	0.730	0.881	1.000
X4	0.080	0.374	0.024	0.246	1.000	0.000	0.107	0.448	0.522	0.751
X5	0.000	0.104	0.344	0.490	0.625	0.771	0.865	1.000	0.479	0.594
X6	0.000	0.062	0.138	0.215	0.277	0.308	0.508	0.562	0.977	1.000
X7	0.202	0.000	1.000	0.611	0.104	0.132	0.054	0.054	0.122	0.007
X8	0.000	0.027	0.136	0.225	0.279	0.320	0.475	0.546	0.992	1.000
X9	0.128	0.507	1.000	0.974	0.332	0.115	0.000	0.026	0.018	0.382
X10	0.000	0.783	0.854	1.000	0.830	0.502	0.775	0.751	0.759	0.767
X11	0.000	0.480	0.839	1.000	0.813	0.297	0.461	0.529	0.533	0.556
X12	0.015	0.027	0.000	0.270	0.692	0.614	0.753	0.767	0.774	1.000
X13	0.000	0.363	0.490	0.529	0.549	0.578	0.588	0.627	1.000	0.676
X14	0.918	1.000	0.726	0.829	0.829	0.811	0.861	0.878	0.000	0.704
X15	0.000	0.429	0.665	0.667	0.924	0.933	0.952	1.000	0.990	0.981
X16	1.000	0.222	0.000	0.704	0.037					
X17	0.000	0.011	0.076	0.142	0.011	0.011	0.022	0.142	0.197	1.000
X18	0.000	0.120	0.266	0.356	0.476	0.635	0.794	0.923	0.884	1.000
X19	0.071	0.386	0.557	1.000	0.143	0.143	0.143	0.143	0.000	0.357
X20	0.000	1.000	0.011	0.202						

　　对上述标准化后的数据，运用熵值法进行权重分析。"熵"的度量对象是不确定性信息，不确定信息越小，则测度的熵值越小，也就是信息量越大，两者呈正相关关系；反之，不确定性信息越大，熵值越大，也就是信息量越小。熵值可以代表一个指标的离散程度，简单来说，就是指标离散程度代表了该指标对评价对象的影响程度，两者呈正相关。呼和浩特市生态文明城市评价指标权重结果与排序如表 7-6 所示。

表 7-6 呼和浩特市生态文明发展水平评价权重与排序

系统分类	指标名称及单位	指标代码	指标属性	权重	排序	系统权重
经济发展	GDP 增长率（%）	X1	正指标	0.0390	11	0.1844
	人均 GDP（万元）	X2	正指标	0.0320	14	
	第三产业占 GDP 比重（%）	X3	正指标	0.0360	12	
	科教文卫支出占财政支出比例（%）	X4	正指标	0.0464	7	
	人均财政收入（万元）	X5	正指标	0.0310	15	
资源利用	单位 GDP 能耗（吨标准煤/万元）	X6	逆指标	0.0664	4	0.1762
	工业固体废弃物综合利用率（%）	X7	正指标	0.0664	4	
	清洁能源率使用率（%）	X8	正指标	0.0434	9	
生态建设与环境保护	造林面积（千公顷）	X9	正指标	0.0543	6	0.3313
	烟（粉）尘排放总量（万吨）	X10	逆指标	0.0249	19	
	二氧化硫排放总量（万吨）	X11	逆指标	0.0280	16	
	城镇污水处理率（%）	X12	正指标	0.0422	10	
	建成区绿化覆盖率（%）	X13	正指标	0.0264	17	
	工业废水排放量（万吨）	X14	逆指标	0.0248	20	
	生活垃圾无害化处理率（%）	X15	正指标	0.0260	18	
	环保投资指数（%）	X16	正指标	0.1047	2	
社会机制建设	城镇人均道路面积（平方米）	X17	正指标	0.0872	3	0.3081
	城市居民人均可支配收入（万元）	X18	正指标	0.0335	13	
	每万人拥有公交车辆数（标台）	X19	正指标	0.0459	8	
	公众对城市环境保护的满意率（%）	X20	正指标	0.1415	1	

根据表 7-6 的各指标权重排序可以看出，社会机制建设中的公众对城市环境满意率对评价指标呼和浩特市生态文明建设水平的影响最大，达到 0.1415，对评价指标影响处于第二位的是环保投资率，第三位的是城镇道路面积，而相对影响较小的后三位分别是工业废水排放量、生活垃圾无害化处理率以及烟尘排放量。从整体来看，社会机制建设和环境保护系统在生态文明建设水平评价中所占的比重较大，换言之，呼和浩特市的资

源环境承载力和社会公共服务作用较大。所以呼和浩特市在构建生态文明城市的过程中，应该着重加强社会机制建设，提高公众对环境保护满意度。根据指标权重和标准化举证计算得到加权规范化决策数据，如表7-7所示：

表7-7　加权规范化矩阵

指标	2006年	2007年	2008年	2009年	2010年	2011年	2012年	2013年	2014年	2015年
X1	0.0210	0.0210	0.0127	0.0164	0.0104	0.0069	0.0060	0.0042	0.0000	0.0006
X2	0.0000	0.0017	0.0040	0.0058	0.0075	0.0099	0.0120	0.0136	0.0149	0.0163
X3	0.0000	0.0022	0.0055	0.0064	0.0057	0.0057	0.0120	0.0153	0.0184	0.0209
X4	0.0025	0.0116	0.0007	0.0076	0.0309	0.0000	0.0033	0.0138	0.0161	0.0232
X5	0.0000	0.0017	0.0056	0.0079	0.0101	0.0125	0.0140	0.0162	0.0077	0.0096
X6	0.0000	0.0025	0.0055	0.0086	0.0111	0.0123	0.0203	0.0224	0.0390	0.0399
X7	0.0111	0.0000	0.0549	0.0335	0.0057	0.0072	0.0030	0.0030	0.0067	0.0004
X8	0.0000	0.0007	0.0035	0.0059	0.0073	0.0084	0.0124	0.0143	0.0259	0.0261
X9	0.0044	0.0174	0.0344	0.0335	0.0114	0.0040	0.0000	0.0009	0.0006	0.0131
X10	0.0000	0.0082	0.0090	0.0105	0.0087	0.0053	0.0081	0.0079	0.0080	0.0081
X11	0.0000	0.0069	0.0121	0.0144	0.0117	0.0043	0.0066	0.0076	0.0077	0.0080
X12	0.0003	0.0006	0.0000	0.0059	0.0152	0.0135	0.0165	0.0169	0.0170	0.0220
X13	0.0000	0.0051	0.0069	0.0075	0.0078	0.0082	0.0083	0.0089	0.0141	0.0096
X14	0.0090	0.0098	0.0071	0.0081	0.0081	0.0079	0.0084	0.0086	0.0000	0.0069
X15	0.0000	0.0043	0.0067	0.0067	0.0093	0.0094	0.0096	0.0101	0.0100	0.0099
X16	0.0842	0.0187	0.0000	0.0593	0.0031	0.0000	0.0000	0.0000	0.0000	0.0000
X17	0.0000	0.0009	0.0064	0.0119	0.0009	0.0009	0.0018	0.0119	0.0164	0.0837
X18	0.0000	0.0020	0.0044	0.0059	0.0079	0.0105	0.0131	0.0153	0.0146	0.0165
X19	0.0025	0.0137	0.0198	0.0355	0.0051	0.0051	0.0051	0.0051	0.0000	0.0127
X20	0.0000	0.1387	0.0016	0.0280	0.0000	0.0000	0.0000	0.0000	0.0000	0.0000

在加权矩阵的基础上，运用正负理想值计算公式，得出各个指标的正负理想值，然后再计算年度综合数据到正负理想值的 Euclid 距离 D_i^+ 和 D_i^-，如表 7-8 所示。再计算年度生态文明建设与正理想解的相对贴近度：

$$C_i^+ = \frac{D_i^-}{D_i^+ + D_i^-}$$

按照贴近度 C_j 值的大小进行排列，其中 $C_j \in (0, 1)$，生态文明城市建设水平与贴进度呈正相关，贴近度越大，说明呼和浩特市的生态文明城市建设水平越高。当 $C_j = 0$ 时，呼和浩特市生态文明城市建设离理想值最远，换言之，经济发展方式粗放，生态环境恶化，社会机制建设不健全等，城市综合发展指数最低；相反，$C_j = 1$ 时，说明呼和浩特市生态文明城市建设达到了最优状态，达到经济绿色循环发展水平。所以贴近度越大，表明生态效益越好，反之则越差。2006~2015 年呼和浩特市生态建设贴近度如表 7-9 所示。

表 7-8　2006~2015 年呼和浩特生态建设靠近/偏离正、负理想解的距离

年份	到负理想值的距离	到正理想值的距离
2006	0.188562666	0.088129951
2007	0.137696019	0.144664432
2008	0.189733874	0.072815168
2009	0.145762434	0.095262884
2010	0.19584103	0.048452181
2011	0.200248973	0.034707485
2012	0.199086907	0.043827078
2013	0.193372851	0.051609646
2014	0.191010208	0.065699406
2015	0.175676484	0.109864756

表 7-9　2006~2015 年呼和浩特市生态建设贴近度

年份	2006	2007	2008	2009	2010	2011	2012	2013	2014	2015
贴近度	0.3185	0.3423	0.3773	0.3952	0.3983	0.4477	0.4804	0.5106	0.5559	0.6247
排序	10	9	8	7	6	5	4	3	2	1

　　根据 C^+（贴近度）大小排序可知：Y2015＞Y2014＞Y2013＞Y2012＞Y2011＞Y2010＞Y2009＞20008＞Y2007＞Y2006，呼和浩特市生态文明发展趋势逐渐增强，这与近年来国家的生态文明建设方针所契合，也说明呼和浩特市致力于生态文明城市建设有一定的成效。"十二五"到"十三五"期间，以打造北方生态安全屏障为己任，努力构建呼和浩特市特色生态文明城市，大力改造提升传统农牧业，扩大第三产业中新兴产业占比，在提高经济发展速度的同时能够兼顾经济发展质量。城区绿化面积大幅增加，呼和浩特市整体生态承载力明显提高，居民幸福感也有较大提升。另外，除生态建设外，呼和浩特市也在大力整治污染问题，取缔关停一部分污染企业，拆迁棚户区，淘汰更新落后产能。从 2006 年开始，呼和浩特市生态文明逐渐向好的趋势发展。

　　1. 经济系统完成度评价结果

　　根据图 7-1，呼和浩特市经济发展完成度评价结果显示，人均 GDP 完成度从 2006 年的 0.017 增加到 2015 年的 0.16；第三产业占 GDP 比重完成度呈现逐年上涨的趋势，2015 年完成度达到 0.02；2015 年科教文卫支出占财政支出比例完成度较 2006 年增加了 0.03，人均财政收入完成度也呈现逐年上升的趋势。其中，科教文卫支出占财政支出比例完成度增长幅度最大，人均 GDP 次之。而 GDP 增长率完成度呈现逐年下降的趋势，下滑的主要原因是受宏观经济形势影响，受全球经济增速放缓、人民币升值、大消费政策环境、房地产调控力度逐步加大等多重因素影响，导致呼和浩特市部分重点企业停产、限产和工业固定资产投资、消费不足造成的；受环保、融资、土地等因素影响，一些计划开工建设的重点工业项目未能如期开工或者开工后进展缓慢。

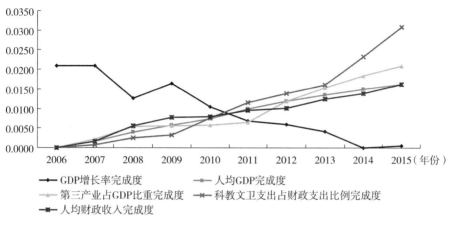

图 7-1　呼和浩特市经济发展完成度评价结果

2. 资源、能源节约利用情况

从 2006~2015 年呼和浩特市资源利用完成度评价结果来看，呼和浩特市的单位 GDP 能耗完成度、工业固体废弃物综合利用率完成度、清洁能源使用率完成度都有较大的进步，单位 GDP 能耗完成度增加了 0.04，工业固体废弃物综合利用率完成度从 2006 年将近 0 增加到近 0.06，清洁能源使用率完成度增长与前两者相比较慢，可以看出，2006~2015 年，呼和浩特市在环境治理和投资方面做出了积极的努力。呼和浩特市整治高污染、高排放企业，拆除不合格设备，从源头上削减废弃物排放量，提高煤矸石、粉煤灰等工业固体废弃物的综合利用率，最终实现工业固体废弃物

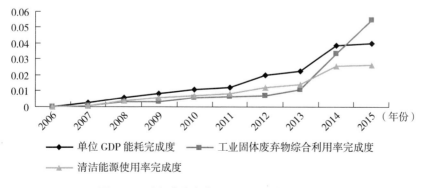

图 7-2　呼和浩特市资源利用完成度评价结果

的无害化管理。虽然呼和浩特市在资源利用完成度上有了较大的提升，但是距离贴近度理想值还很远。从图 7-2 中可以看出，资源利用完成度总体趋势向好，增长速度较快，但是在下一步的生态文明城市建设规划中，应该加大固体废弃物排放整治，加强清洁能源使用，降低单位 GDP 能耗，以此推动呼和浩特市生态文明城市建设。

3. 生态建设与环境保护情况

工业废水排放量完成度、建成区绿化覆盖率完成度在 2006~2015 年都得到了明显提升，说明呼和浩特市政府对城市绿化建设和环境保护的重视。新建了不少城市绿地、绿道，提高了绿地覆盖面积，基本实现了绿水青山，但是距离生态文明城市还有很大的差距。环保投资指数完成度从 2011 年开始逐年大幅度上升，说明党的十七大将生态文明写进总体布局以后，呼和浩特市致力于加大对生态建设方面的投入。在烟（粉）尘排放总量完成度、二氧化硫排放总量完成度、工业废水治理方面有一定成绩，但是废水、废气、烟尘等排放完成度还很低，二氧化硫加剧了城市的热岛效应与酸雨的危害，需要加大治理力度，才能在呼和浩特市生态文明建设过程中发挥正向的积极作用。

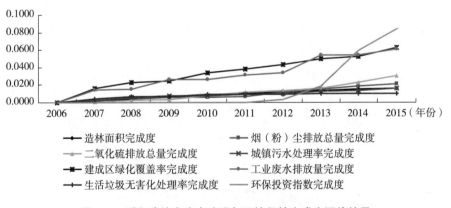

图 7-3 呼和浩特市生态建设与环境保护完成度评价结果

4. 社会机制建设情况

城镇人均道路面积完成度、城市居民人均可支配收入完成度增长幅度较大，每万人拥有公交车辆数完成度和公众对城市环境保护的满意率完成度虽然呈现上升趋势，但是增长幅度较低。从图7-4呼和浩特市社会机制建设完成度评价结果可以看出，呼和浩特市在社会机制建设方面还存在较大的提升空间，距离建成生态文明城市需要走的路还很远，在交通畅通建设、环境宜居度上还需要下功夫，努力提升公众对城市环境的整体满意度，打造社会公共服务健全的生态文明城市。

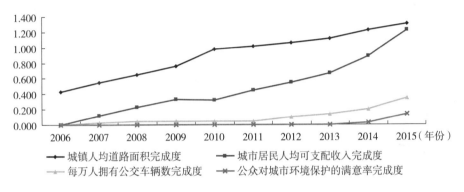

图7-4　呼和浩特市社会机制建设完成度评价结果

第三节　呼和浩特市生态文明城市建设的限制因素

2006~2015年，呼和浩特市经济发展速度逐渐放缓，但是仍然高于全国水平，GDP增速在2006~2013年保持在两位数，并且在2006年和2007年达到近20%。然而GDP的快速增长也使得能源的消耗与日俱增，虽然内蒙古自治区能源资源丰富，但是"十三五"规划强调，要以可持续发展观来调控煤炭总量，加快煤炭行业转型，利用科学技术提高煤炭资源利用率以及清洁率。

一、废弃物综合利用率不高

随着生态文明进程加速推进，呼和浩特市积极参与生态文明城市建设，做出了不小的成绩，工业固体废弃物利用率不断提高，但是距离建成生态文明城市还存在很大的进步空间。呼和浩特市目前工业增产节约潜力还很大，资源利用率比较低，存在着资源浪费的情况。

二、产业结构不合理

全国正在进行产业结构调整，呼和浩特市也不例外，存在产业结构不合理的问题。第三产业占比虽然近年来有所上升，但是与较发达城市以及全国平均水平相比还存在着较大差距。经济结构失衡造成了呼和浩特市经济发展缺乏健康可持续性，第三产业内部还存在结构度低、新型服务业占比少等问题。

三、清洁能源使用率低

呼和浩特市的经济发展对于煤炭资源的使用有很强的依赖性，而煤炭资源的大量消耗造成了温室气体的大量排放，生态环境污染严重。近几年，呼和浩特市空气检测报告中显示，二氧化硫、氮氧化合物的烟粉尘排放量指标过高，这些问题随着粗放型经济发展在不断加剧。

四、水质受污染严重

根据实际调查可以了解到，呼和浩特市近年来水质受污染严重，城市居民对水体质量整体满意度较低，这与本书对城镇污水处理率、工业用水重复利用率和城镇生活垃圾无害化处理率等指标进行量化分析结果相符。随着呼和浩特市城市化进程不断深化，随之而来的是城市人口密度激增，生活污水排放量加大，加之目前呼和浩特市的水质污染较为严重，城镇化基础设施建设还不能满足居民需要。城镇污水处理率与建设生态文明城市步调不一致，存在着严重的滞后性，导致呼和浩特市供水不足，水质污染严重等问题不断出现。

五、科技创新能力低

在上述分析中发现，科教投入支出占财政支出的比例较低，反映出呼和浩特市科技创新能力严重不足，这也是造成经济发展高耗能、低产出，主要依附煤炭资源提高经济发展的主要原因。

第四节　呼和浩特市生态文明城市建设策略措施

一、优化产业结构，培育新兴产业

对产业结构进行有针对性的优化调整是减少资源浪费，提高其利用率的重点，也是呼和浩特市生态文明建设发展的必经之路。呼和浩特市应着眼于区内丰富的物质资源和强大的产业基础，转型升级传统农牧业，打造现代化特色农牧业，发展战略性新兴产业和科技含量较高的现代服务业，实现第三产业领跑的产业结构，整治高污染工业企业，实现清洁化、能源化目标，从而实现生态环境和经济发展齐头并进。

1. 培育壮大战略性新兴产业

呼和浩特市有丰富的自然资源，为发展工业产业化奠定了坚实的基础，如煤炭、石灰石、煤系高岭土和电力等能源资源，造就了呼和浩特市发展势头良好的煤炭化工产业。目前，新技术、新材料行业不断壮大，呼和浩特市可以依托现有科学技术开发资源对产品进行深加工，利用现有的自然资源和产业优势，加大科技投入，将本身所具有的优势资源向更高层次转化。

呼和浩特市可以在国家重点发展培育战略性新兴产业的大背景下，开发低耗能、高产出、高技术含量、高附加值的新工艺、新技术，尽快实现产业的转型升级。由低端产业向中高端过渡，由小规模制作向大规模集约发展转变。总而言之，呼和浩特市不仅有培育壮大战略性新兴产业的大环境，也有发展新材料、新技艺工业的物质基础，所以大力发展新兴技术产业势在必行。

开发地区优势，发挥以乳业为核心的绿色食品加工产业、以石油化工产业为基础的优势特色产业、以光伏为龙头的新材料产业等的优势，提高经济增长的质量和效益。呼和浩特市有食品加工、电力能源、石油化工、生物医药、光伏材料、电子信息六大优势产业，加快新旧动能之间的转换，发展现代农牧业、非煤产业、非资源型产业，摒弃粗放型资源开发模式。

2. 发展装备制造业

呼和浩特市可以在现有装备制造业的基础上扩大产业链。提高技术创新能力，促进工业结构现代化，加快信息化建设，推动信息技术与产业化，转变服务深度融合，提高市场竞争力，支持制造业现有设施集群发展。积极给予政策支持，在扩大投资渠道，充分利用发达地区新一轮开放产业转移之机，有选择地支持呼和浩特市发展过程中需要的高端项目落地生根，补充目前产业链中存在的短板。加快建设新生产区、推动新的经济增长点和"传统产业技术转型、新兴产业扎堆发展、支柱产业多元化发展"。充分利用比较优势以及现有资源条件，大力发展环保设备生产、能源设备研发、通信设备生产、水利设备生产、制造业专业设备生产等产业链，以实现成套生产设备、高端技术开发，打造具有较强市场竞争力的支柱产业。

3. 构建清洁能源产业

呼和浩特市能源消费碳排放量占碳排放总量的90%以上，也是实现低碳城市的关键。第一，严格实施《呼和浩特市土地利用总体规划调整方案》，在资源环境承载力的基础上，提高能源资源的利用效率和对人口区域集聚的环境承载力，实现经济发展与环境保护之间的协调发展。第二，加强对城市建设用地面积的控制，减少建设用地占用大量的耕地、林地、未利用土地和其他等具有碳吸收能力地类的面积，降低碳排放量，处理好经济发展与生态环境保护之间的关系。第三，合理规划建设用地面积，避免城市用地的无限扩张。

呼和浩特市有丰富的太阳能资源，全年日照时数高达 3000 多小时，而且国家大力提倡清洁能源的利用，所以为呼和浩特市创建太阳能发电基地提供了物质基础和政策支撑。而且还能进一步开发太阳能高端产业，如发展高效光伏组件、光热组件等系列产品。呼和浩特市可将太阳能充分应用于农牧业，也可以将太阳能资源充分利用于居民日常生活中，如供暖、制冷、屋顶建筑、光热放电等。还可结合能源网体系的建设，推进局域网和电力外送，促进能源生产融合发展，完善清洁能源产业和消费体系。

二、推动能源体系低碳化变革，建立绿色低碳循环可持续经济发展模式

对空气污染而言，拟建项目的生产技术应该是清洁、高效、低排放。通过安装烟尘除尘系统，可以减少灰尘和污染物，实现排放烟气达标。对于硫含量较高的燃料，在实际生产中要尽可能地避免使用。使用可视化的技术手段，实时监测有毒、有害气体排放，防止这些有毒气体进入大气。对于必须向大气排放的污染气体，要对其进行相应的技术处理，达到无害后将其排出。减少污染物排放的重点，在于清除重点企业的粉尘，全面加强治理燃煤锅炉，安装吸烟装置，在建筑工地进行二次粉尘治理以及处理有机污染物，不断加大整治力度。

关于废水污染处理，根据使用过程中水资源的不同用途，努力提高水资源的循环利用能力，尽量减少废水排放量。创建不同水质分开处理技术，实现"全面收集和全面处理"。建设污水集中处理厂，实施第三方综合管理，对总量进行监控。在湖泊和河流周围要严查工业废水的排放，有一处就查处一处。通过研究确定出新的污水处理场地，对需要处理厂处理的污水实行严格监控。按照排放质量和排放水质两个标准来进行收费，严格把控。

在固体废弃物处理领域，要大力支持使用新的固体废弃物回收技术，

严格遵守减量化和再利用的原则，从而提升固体废弃物的利用水平。与此同时，要进一步加大对环境保护政策的执行力度，在工业区内对企业产生的工业废弃物和生活废弃物进行合理化处理，严格禁止排入当地地表水系统。危险废弃物必须经过全面的无害化处理，符合安置标准后，进行安全处置。

三、加强生态建设和环境保护，建设生态宜居城市

1. 加强生态建设工作

大青山自然保护区是呼和浩特市生态环境的重要组成部分，其南部是保护水资源的重要场所。近些年，受人为活动破坏和自然因素的影响，大青山整体的植被覆盖面积呈现出减小状态，土地退化面积达到了 154.72 公顷。这一情况严重影响了呼和浩特市的水资源安全，对内蒙古自治区整体生态环境及地质地貌都造成了无法估量的危害。因此，我们必须清楚地认识到大青山生态环境治理的重要性，将大青山的生态治理作为呼和浩特市生态建设的首要任务。

牢固树立生态优先，绿色发展理念，由内而外、从南到北，实行"三环两带"，改善"五河两库"环境，努力让首府人民享受到更优质的生态环境。从源头提高首府的宜居程度，建设一个生机勃勃的生态宜居城市。

2. 加强环境保护工作

对环境保护的当务之急就是减少污染物排放，特别是对工业废物的监管，防止污染源，控制工业废水、废气（二氧化硫、炭黑、二氧化碳、氮氧化物）、固体废弃物，城市内部污水和各类固体废弃物排放要处以结构性减排。对高工业污染、有色金属、电力、高化工消耗的企业，应结合当地实际生产情况，以当地污染物排放标准相关的标准为基础，严格控制企业污染排放量。

呼和浩特市水质污染严重，要加强监控力度，对每个流域都要进行严格把控，总体控制污水排放量，对已经受到污染的河流要加快整治的步伐。此外，要进一步加强企业污水处理设施建设，加强污水处理厂建设，对生产、生活的废水进行处理。对有色金属、火电、水泥和钢铁等重污染

物排放行业，应着重改进脱硫除尘技术，减少对煤炭等不可再生资源的使用，取而代之的是如水电、光伏等高清洁能源的投入与使用。

四、吸收先进科学技术，促进成果转化，提高科技软实力

呼和浩特市必须依靠创新来推动城市的整体发展，运用新技术改进现有落后的产品技术和机械设备，优化产品工艺质量，使社会交易成本下降，促进生产和服务一体化，并通过技术升级实现传统产业现代化。同时，所生产的新产品必须要定位准确，符合市场的需求，在不断的更新换代中，实现产品"从无到有""从有到新"的目标。努力增强有效输出，坚持不断创新，以创新谋发展，支持新动能的发展和拓展，加快动能之间的转换，帮助传统行业突破狭隘轮廓，实现转型升级和现代化。充分利用新技术和新模式加强现有产业发展，尤其支持中高端产业发展，达到传统产业与战略性新兴产业协调发展的新局面。通过利用周边资源和现有的工业基础，大力发展新兴产业，培养其成为新的经济支柱。

通过对科学技术的引进，吸收先进科学技术进行创新，实现科技成果的转化；加强对云计算技术和大数据的科学运用，实现联合研究和技术集成；部署和处理一批重点关键技术，对大型项目要着重培养；通过对现有业务技术进行深入改造，以弥补发展差距，不断完善自身；加强队伍中人员的素质培养，增强企业活力，创造发展新动力，让科技创新成为企业的支撑力量，实现真正意义上的产业转型升级，推动企业不断发展。

五、培养生态文化特色品牌，打造生态文明城市示范区

1. 加快推广生态文明体系建设

树立生态文明理念，建立起正确的生态文明观念，并将生态文明行为向大众推广，发展生态文明文化，从整体上实现生态文明繁荣。主要推广方法如下：

（1）在群众教育工作中加强对生态文明的教育工作，为群众树立一个正确的理念，在整个城市中形成全民参与、全民建设的风气。

（2）提高群众维护环境的意识。建立投诉通道，让群众能够以个人名义或组织名义对一些环境问题进行举报，实现全方位无死角的监督机制。

（3）全面支持民间环保组织成立，鼓励自发的、积极的民间组织的产生与发展。提高践行全社会生态文明建设的凝聚力，实现快速、高效地提升呼和浩特市的生态文明建设工作。

（4）公众是政府与企业之间联系的桥梁，因此增加非政府组织的环境保护团体对生态文明城市建设具有重要影响。

2. 大力宣扬呼和浩特市特色生态文化

呼和浩特市应该依托自身文化特色大力开发旅游业，推出具有蒙古族风情的特色文化项目，打造属于呼和浩特市的旅游品牌；在全市范围内开展各种积极向上的特色文化体验活动，逐步培养出富有呼和浩特市生态文化特色的品牌；大力发展特色旅游业，在带动全市生态文化建设的过程中，发挥当地生态建设的优势，科学利用，从而提高全民经济收入，使群众的思想从"我想建设生态文明城市"逐步上升为"我要建设生态文明城市"。使呼和浩特市逐步走上一条有独特生态文化标志的发展之路，创建内蒙古自治区乃至全国的生态文明城市示范区。

六、探索高质量发展的新路子，全面推进生态文明城市建设

习近平总书记指出：内蒙古的生态状况不仅关乎全区各族群众的生存和发展，更关乎三北乃至全国的生态安全，要求内蒙古自治区探索以生态优先、绿色发展为导向的高质量发展新路子，保持和提升生态文明建设的战略定力。呼和浩特市作为内蒙古自治区的首府城市，兼顾多重功能。因此，合理利用能源资源，优化能源布局、将生态优势转变为特色产业优势，建设具有内蒙古自治区特色的发展道路，实现经济的低碳绿色发展，为把呼和浩特市建设成为具有中国特色的生态文明城市不断努力。

1. 探索以生态优先、绿色发展为导向的高质量发展新路子，加大生态系统保护力度

党的十九大站在历史和全局的战略高度，对推进新时代"五位一体"总体布局作了全面部署。从经济、政治、文化、社会、生态文明五个方

面，制定了新时代统筹推进"五位一体"总体布局的战略目标。生态文明作为"五位一体"总体布局的重要一环，要保持和加强生态文明建设的战略定力。保护生态环境和发展经济从根本上讲是有机统一、相辅相成的，不能因为在经济发展的过程中遇到一些挫折和困难，就有了以牺牲环境换取经济增长的思想，甚至想方设法突破生态保护红线，获取经济利益。在我国经济由高速增长阶段转向高质量发展阶段过程中，污染防治和环境治理是需要跨越的一道重要关口，我们必须迈过这道坎，加强生态环境保护建设的定力不动摇。同时，通过贯彻新的发展理念，统筹好经济发展和生态环境保护建设的关系，探索出一条符合战略定位、体现内蒙古自治区特色，以生态优先、绿色发展为导向的高质量发展新路子。

呼和浩特市市内分布着由森林、草原、河流及湿地等多种元素组成的综合性生态系统，要对生态环境进行修复，就必须遵循生态系统内部的运行规律及机理，坚持自然恢复为主的方针，因地制宜地进行综合治理，加大生态系统保护力度。环境问题不仅是环境民生的迫切需要，也是加强生态文明建设的当务之急。要保持攻坚力度和势头，坚决治理"散乱污"企业，继续推进重点区域大气环境综合整治，加快城镇、开发区、工业园区污水处理设施建设，深入推进农村牧区人居环境整治。要抓好区域的生态综合治理，对症下药。

2. 强化国土空间规划体系，避免空间规划重叠问题

中共中央、国务院在2019年5月印发《关于建立国土空间规划体系并监督实施的若干意见》中提出，到2025年，健全国土空间规划法规政策和技术标准体系；全面实施国土空间监测预警和绩效考核机制；形成以国土空间规划为基础，以统一用途管制为手段的国土空间开发保护制度。到2035年，全面提升国土空间治理体系和治理能力现代化水平，基本形成生产空间集约高效、生活空间宜居适度、生态空间山清水秀，安全和谐、富有竞争力和可持续发展的国土空间格局。另外，通过分级分类建立国土空间规划，明确各级国土空间总体规划编制重点，强化对专项规划的指导约束作用，在市县及以下编制详细规划。同时要求坚持生态优先、绿色发展，尊重自然规律、经济规律、社会规律和城乡发展规律，因地制宜开展规划编制工作。

近年来，呼和浩特市在经济快速发展的进程中，由于人口的过度集中，工业企业集聚明显，导致城镇面积快速扩张，交通等问题逐渐显现。呼和浩特市生态文明城市的建设不仅要从内部着手，更要注重对土地的空间规划，把每一寸土地的用途都落到实处，规划清楚。同时，要坚持底线思维，以国土空间规划为依据，立足资源禀赋和环境承载能力，尽快确定生态功能保障基线、环境质量安全底线、自然资源利用上线，严格执行规划，抓好贯彻落实；把城镇、农业、生态空间和生态保护红线、永久基本农田保护红线、城镇开发边界作为调整经济结构、规划产业发展、推进城镇化不可逾越的红线，立足本地区资源禀赋特点，实现主体功能区划、土地利用规划与城乡规划等多规合一的国土空间规划格局，充分体现呼和浩特市的优势和特色。

3. 加快社会机制体制改革，全面推进生态文明城市建设

呼和浩特市社会机制建设还存在许多短板，应加快社会机制体制改革，以此为基点全面推进生态文明制度的建设，逐渐形成具有地方特色的制度体系，这样才能准确地用制度来保护自然环境。政府部门加强监督管理，建立起生态建设的考核标准，逐步形成一个考核评价制度体系，在政府未来的年度考核工作中，将生态文明建设工作的开展情况作为一个重要的考核标准。另外，将资源的利用率、生态效益、环境保护工作的开展纳入政绩考核，时刻提醒政府重视生态环境保护；出台环境保护管理办法。加大对各种污染源的管控力度，实行严抓重罚。对重点流域和区域设定环境容量的控制标准，对一些生态环境较为脆弱的地区，在其范围内必须严格控制企业的规模和生产模式；落实好新建项目的环保准入机制，实现一体化制度管理，加强执法力度，对于高排放企业，必须予以重罚，增加企业的污染成本，严罚企业，使其从思想上不敢排污，加强培训教育，让其主观意识从不敢排污转化到不想排污，并且在环保工作开展的过程中，要虚心向国外成功企业学习，在交流的基础上，鼓励群众自觉开展环保行动，全面提升群众参与环保的热情。

参考文献

［1］管驰明，姚士谋. 世界城镇化发展趋势展望与思考［J］. 现代城市研究，2000（6）：13-15.

［2］张自然，张平，刘霞辉. 中国城镇化模式、演进机制和可持续发展研究［J］. 经济学动态，2014（2）：58-73.

［3］陈晓红. 东北地区城镇化与生态环境协调发展研究［D］. 东北师范大学博士学位论文，2008.

［4］卢虹虹. 长江三角洲城市群城镇化与生态环境协调发展比较研究［D］. 复旦大学硕士学位论文，2012.

［5］高海林，郝润梅，张瑞强，海春兴，包红光，郭忠良，万高娃. 呼和浩特市生态环境脆弱性评价［J］. 干旱区资源与环境，2011，25（4）：111-115.

［6］Grossman G，Krueger A. Environmental Impacts of a North American free Trade Agreement［A］//Garber P（ed）. The Mexico-US Free Trade Agreement Cambridge［M］. MA：MIT Press，1995.

［7］Lopez R. The Environment as a Factor of Production：The Effects of Economic Growth and Trade Liberalization［J］. Journal of Environment Economics and Management，1994（27）：163-168.

［8］李伟. 哥本哈根自行车交通政策（2002~2012）［J］. 北京规划建设，2004，2：46-51.

［9］李海峰，李江华. 日本在循环社会和生态城市建设上的实践［J］. 自然资源学报，2003，18（2）：252-256.

［10］程艳. 徐州市城镇化与生态环境耦合协调发展研究［D］. 中国矿业大学硕士学位论文，2014.

[11] 宋伟，陈百明，陈曦炜. 常熟市耕地占用与经济增长的脱钩（decoupling）评价 [J]. 自然资源学报，2009，24（9）：1532-1540.

[12] 盖美，胡杭爱，柯丽娜. 长江三角洲地区资源环境与经济增长脱钩分析 [J]. 自然资源学报，2013，28（2）：185-198.

[13] 乔蕺强，陈英. 基于脱钩理论的生态环境与经济增长关系研究 [J]. 土壤通报，2016，47（1）：21-28.

[14] 杜忠潮，黄波，陈佳丽. 关中—天水经济区城市群人口经济与资源环境发展耦合协调性分析 [J]. 干旱区地理，2015，38（1）：135-147.

[15] 黄金川，方创琳. 城镇化与生态环境交互耦合机制与规律性分析 [J]. 地理研究，2003（2）：211-220.

[16] 刘艳艳，王少剑. 珠三角地区城镇化与生态环境的交互胁迫关系及耦合协调度 [J]. 人文地理，2015，30（3）：64-71.

[17] 乔标，方创琳. 城镇化与生态环境协调发展的动态耦合模型及其在干旱区的应用 [J]. 生态学报，2005（11）：211-217.

[18] 方创琳，杨玉梅. 城镇化与生态环境交互耦合系统的基本定律 [J]. 干旱区地理，2006（1）：1-8.

[19] 陈晓红，万鲁河. 城镇化与生态环境耦合的脆弱性与协调性作用机制研究 [J]. 地理科学，2013，33（12）：1450-1457.

[20] 潘家华，周宏春. 可持续发展理论与中国 21 世纪议程 [M]. 北京：气象出版社，2001.

[21] 张丽君. 可持续发展指标体系建设的国际进展 [J]. 国土资源情报，2004（4）：7-15.

[22] 李建中. 关于建设生态文明城市的系统思考 [J]. 系统科学学报，2011，19（1）：38-45.

[23] 廖福霖. 生态文明建设理论与实践 [M]. 北京：中国林业出版社，2003.

[24] 朱坦，汲奕君. 建设生态文明的重要工具和手段——环境影响评价 [J]. 南开学报（哲学社会科学版），2008（5）：62-65.

[25] 殷乾亮. 生态文明与工业文明冲突下的低碳城市建设思路 [J]. 江西社会科学，2011，31（1）：85-89.

［26］董宪军. 生态城市论［M］. 北京：中国社会科学出版社，2002.

［27］李志英，王勇华，陈菁华. 推进城市生态化建设，构建生态文明城市［J］. 科技信息（科学教研），2007（28）：305.

［28］肖良武. 生态文明城市建设的非正式制度分析［J］. 商业时代，2010（24）：93-95.

［29］黎海彬，张挺. 建设生态文明城市的实践研究［J］. 广州城市职业学院学报，2009，3（3）：5456.

［30］Yanitsky O. Social Problems of Man's Environment［J］. The City and Ecology，1987（1）：174-181.

［31］Richard Register. Eco Berkeley-Building Cities for a Healthy Future［M］. Berkeley，Calofprnia：North Atlantic Books，1987.

［32］Roseland. Dimension of the Eco-city［J］. Elsevier Science，1997，14（4）：197-202.

［33］王圣学. 城镇化与可持续发展［M］. 北京：科学出版社，2000.

［34］郑菊芬. 关于城镇化理论研究的文献综述［J］. 现代商业，2009（11）：197-198.

［35］董孝斌，高旺盛. 关于系统耦合理论的探讨［J］. 中国农学通报，2005（1）：290-292.

［36］任继周，万长贵. 系统耦合与荒漠—绿洲草地农业系统［J］. 草业学报，1994，(3)：1-3.

［37］杨印生，李洪伟. 管理科学与系统工程中的定量分析方法［M］. 长春：吉林科学技术出版社，2009.

［38］章红宝. 钱学森开放复杂巨系统思想研究［D］. 中共中央党校博士学位论文，2005.

［39］牛文元. 可持续发展理论的内涵认知——纪念联合国里约环发大会20周年［J］. 中国人口·资源与环境，2012，22（5）：9-14.

［40］陈端吕，董明辉，彭保发. 生态承载力研究综述［J］. 湖南文理学院学报（社会科学版），2005，30（5）：70-73.

［41］塔蒂安娜. 低碳城市——从伦敦到上海的愿景［J］. 城市中国，2007（21）.

［42］刘丽. 我国国家生态补偿机制研究［D］. 青岛大学博士学位论文，2010.

［43］吴乐，孔德帅，靳乐山. 中国生态保护补偿机制研究进展［J］. 生态学报，2019，39（1）：1-8.

［44］段成荣，冯乐安，秦敏. 典型民族地区流动人口状况及特征比较——基于内蒙古自治区的研究［J］. 内蒙古大学学报（哲学社会科学版），2017，49（6）：5-10.

［45］何立华，成艾华. 民族地区省际人口流动及其影响因素研究［J］. 云南民族大学学报（哲学社会科学版），2017（6）：60-67.

［46］刘诗音. 民族地区经济发展的趋势与思考［J］. 经济论坛，2018（4）：4-10.

［47］夏连仲，孙兆文，王有星. 西部民族地区的生态环境治理与经济社会发展［J］. 实践，2002（1）：38-41.

［48］田烨. 试论我国民族地区城镇化发展历程及其特点［J］. 成都大学学报（社会科学版），2015（3）：1-8.

［49］李清源. 西部民族地区生态环境恶化态势及影响分析［J］. 青海民族大学学报（社会科学版），2004，30（2）：61-65.

［50］董军，冯天天. 内蒙古新能源发展现状与战略研究［J］. 电子世界，2014（9）：191+193.

［51］黄河东. 中国城镇化与环境污染的关系研究——基于31个省级面板数据的实证分析［J］. 管理现代化，2017，37（6）：72-75.

［52］王兴杰，谢高地，岳书平. 经济增长和人口集聚对城市环境空气质量的影响及区域分异——以第一阶段实施新空气质量标准的74个城市为例［J］. 经济地理，2015，35（2）：71-76.

［53］侯培，李超，杨庆媛. 重庆市近12年城镇化与生态环境协调发展评析［J］. 水土保持研究，2015，22（5）：240-244.

［54］徐丽娜. 城镇化进程中山西省碳排放量影响因素分析及预测研究［M］. 北京：中国经济出版社，2016.

［55］许玉凤，陈宸，陈洪升. 2001~2013年云贵高原土地利用动态变化分析［J］. 中国水土保持，2018（11）：44-48.

［56］孔君洽，杨荣，苏永中，付志德. 基于土地利用/覆被变化的荒漠绿洲碳储量动态评估［J］. 生态学报，2018，38（21）：7801-7812.

［57］许茜，李奇，陈懂懂，罗彩云，赵新全，赵亮. 近 40 年三江源地区土地利用变化动态分析及预测［J］. 干旱区研究，2018，35（3）：695-704.

［58］Grossman G，Krueger A. Economic Growth and the Environment［J］. Quarterly Journal of Economics，1995，110（2）：353-377.

［59］吴玉萍，董锁成，宋健峰. 北京市经济增长与环境污染水平计量模型研究［J］. 地理研究，2002，21（2）：239-245.

［60］陈兴鹏，范振军，蒋晓娟等. 兰州经济发展与生态环境互动作用机理研究［J］. 地域研究与开发，2005，24（1）：92-95.

［61］蔡之兵，李宗尧. 江苏环境库兹涅兹曲线形状研究——基于面板数据模型［J］. 中国发展，2012，12（3）：6-11.

［62］张昭利，任荣明，朱晓明. 我国环境库兹涅兹曲线的再检验［J］. 当代经济科学，2012（5）：23-30.

［63］柯文岚，沙景华，闫晶晶. 山西省环境库兹涅茨曲线特征及其影响因素分析［J］. 中国人口·资源与环境，2011，21（12）：389-392.

［64］李学全，李松仁，韩旭里. 灰色系统理论研究（Ⅰ）：灰色关联度［J］. 系统工程理论与实践，1996（11）：91-95.

［65］陈华文，刘康兵. 经济增长与环境质量：关于环境库兹涅茨曲线的经验分析［J］. 复旦大学学报（社会科学版），2004（2）：87-94.

［66］张成，朱乾龙，于同申. 环境污染和经济增长的关系［J］. 统计研究，2011，28（1）：59-67.

［67］Meadows D H，Meadows D L，Randers J，Behrens W. The Limits to Growth［M］. Universe Books，New York，USA，1972.

［68］Grossman G M，Krueger A B. Environmental Impact of a North American Free Trade Agreement［Z］. Paper Prepared for the Conference on United States-Mexico Free Trade Agreement，1991.

［69］李姝. 城镇化、产业结构调整与环境污染［J］. 财经问题研究，2011（6）：38-43.

［70］李娅，孙根年. 20 年来西安市工业发展与大气环境质量变化的关系［J］. 干旱区资源与环境，2009（11）：59-64.

［71］包群，彭水军. 经济增长与环境污染：基于面板数据的联立方程估计［J］. 世界经济，2006（11）：48-58.

［72］马晓钰，郭莹莹，李强谊. 我国经济结构变动对环境污染的影响［J］. 商业研究，2013（4）：57-62.

［73］唐德才. 工业化进程、产业结构与环境污染——基于制造业行业和区域的面板数据模型［J］. 软科学，2009，23（10）：6-11.

［74］苏雪串. 产业结构升级与居民收入分配［J］. 商业研究，2002（11）：78-80.

［75］冉美丽，陈航. 产业结构变迁与居民收入关系的实证研究［J］. 调研世界，2012（2）：17-21.

［76］刘叔申，吕凯波. 财政支出结构、产业结构和城乡居民收入差距——基于 1978～2006 年省级面板数据的研究［J］. 经济问题，2011（11）：42-45.

［77］卢冲，刘媛，江培元. 产业结构、农村居民收入结构与城乡收入差距［J］. 中国人口·资源与环境，2014，24（3）：147-150.

［78］丁元，周树高，贾功祥. 我国就业的产业结构与居民收入分配关系研究［J］. 统计与决策，2014（4）：139-143.

［79］赵延德，张慧，陈兴鹏. 城市消费结构变动的环境效应及作用机理探析［J］. 中国人口·资源与环境，2007，17（2）：63-68.

［80］耿莉萍. 我国居民消费水平提高对资源、环境影响趋势分析［J］. 中国人口·资源与环境，2004，14（1）：39-43.

［81］刘倩. 我国居民消费对资源环境压力的综合分析［J］. 软科学，2010，24（12）：60-65.

［82］杨莉，刘宁，戴明忠，陆根法. 城镇化进程中居民生活消费的生态环境压力评估——以江苏省江阴市为例［J］. 生态学报，2008，28（11）：10-18.

［83］卢泉，文虎. 我国省域居民消费结构变化对环境污染的影响［J］. 当代经济，2010（19）：85-87.

［84］ 王婷，吕昭河. 人口增长、收入水平与城市环境［J］. 中国人口·资源与环境，2012，22（4）：143-149.

［85］ 朱勤，彭希哲，吴开亚. 基于结构分解的居民消费品载能碳排放变动分析［J］. 数量经济技术经济研究，2012（1）：65-77.

［86］ 高海林，郝润梅，张瑞强，海春兴等. 呼和浩特市生态环境脆弱性评价［J］. 干旱区资源与环境，2011，25（4）：111-115.

［87］ 潘孝军. 中国东西部地区城镇化比较研究［D］. 陕西师范大学硕士学位论文，2006.

［88］ 吴文恒，牛叔文，陈辉. 城乡消费水平差异对资源环境影响的比较［J］. 资源科学，2010，32（5）：917-923.

［89］ 汪凌志. 基于最终需求视角的中国能源消费生态占用研究［J］. 首都经济贸易大学学报，2013（4）：13-20.

［90］ 吕贻敏，齐放. 房地产开发建设对城市环境影响分析［J］. 价格工程，2011（21）：60-62.

［91］ 龙花楼，曲艺，屠爽爽等. 城镇化背景下中国农区土地利用转型及其环境效应研究：进展与展望［J］. 地球科学进展，2018，33（5）：455-463.

［92］ 刘成军. 试论城镇化的关键要素：人口、土地和产业所引发的城镇生态环境问题［J］. 理论月刊，2017（1）：116-121.

［93］ 胡银根，王思奇，吴冲龙. 土地生态建设探讨——保护土地原生态建设土地新生态［J］. 安徽农业科学，2008，36（6）：2448-2450.

［94］ 李边疆，王万茂. 区域土地利用与生态环境耦合关系的系统分析［J］. 干旱区域地理，2008（1）：142-148.

［95］ 王伟光，郑国光. 应对气候变化报告（2015）——巴黎的新起点和新希望［M］. 社会科学文献出版社·经济与管理出版分社，2015：25-27.

［96］ 中国 21 世纪议程管理中心.“十二五应对气候变化国家研究进展报告”［M］. 北京：科学出版社，2016：1-33.

［97］ IPPC. Climate Change 1955-Impacts. Adapt at Ions and Mitiga-tion of Climate Change：Scientific-Technical Analyses［M］. Cambridge：Cambridge University Press，1996：35 -48.

［98］ Houghton R A, Haeckler J L, Lawrence K T. The US Carbon Budget：

Contributions from Land-use Change [J]. Science, 1999, 285 (5427): 574-578.

[99] 国家林业局经济发展研究中心. 气候变化、生物多样性和荒漠化问题动态参考——2014 年度辑要 [M]. 北京：中国林业出版社，2014：276-277.

[100] 赵荣钦，黄贤金，揣小伟. 中国土地利用碳排放的研究误区和未来趋向 [J]. 中国土地科学，2016，30 (12): 83-92.

[101] IPCC. 2006 IPCC Guidelines for National Greenhouse Gas Inventories [M]. Kanagawa: Institute for Global Environmental Strategics, 2006.

[102] 王娇，王晨曦. 内蒙古碳排放与经济增长脱钩特征研究 [J]. 中国市场，2014 (51): 159-160.

[103] 谢鸿宇，陈贤生，林凯荣，胡安焱. 基于碳循环的化石能源及电力生态足迹 [J]. 生态学报，2008 (4): 1729-1735.

[104] 李颖，黄贤金，甄峰. 江苏省区域不同土地利用方式的碳排放效应分析 [J]. 农业工程学报，2008，24 (S2): 102-107.

[105] 方精云，郭兆迪，朴世龙，陈安平. 1981~2000 年中国陆地植被碳汇的估算 [J]. 中国科学 (D 辑：地球科学), 2007 (6): 804-812.

[106] 黄卉. 基于 InVEST 模型的土地利用变化与碳储量研究 [D]. 中国地质大学硕士学位论文（北京），2015.

[107] 王芳. 重庆市土地利用变化及其碳排放效应研究 [D]. 重庆师范大学硕士学位论文，2017.

[108] Cai Zucong, Kang Guoding, Tsuruta H, et al. Estimate of CH_4 Emissions from Year-round Flooded Rice Field during Rice Growing Season in China [J]. Pedosphere, 2005, 15 (1): 66-71.

[109] 何勇. 中国气候、陆地生态系统碳循环研究 [M]. 北京：气象出版社，2006.

[110] 朴世龙，方精云，贺金生，肖玉. 中国草地植被生物量及其空间分布格局 [J]. 植物生态学报，2004 (4): 491-498.

[111] 孙赫，梁红梅，常学礼等. 中国土地利用碳排放及其空间关联 [J]. 经济地理，2015 (3): 154-162.

［112］赵荣钦，黄贤金，钟太洋. 区域土地利用结构的碳效应评估及低碳优化［J］. 农业工程学报，2013（17）：220-229.

［113］石洪昕. 四川省广元市土地利用变化的碳排效应研究［D］. 西北农林科技大学硕士学位论文，2012.

［114］卢娜. 土地利用变化碳排放效应研究［D］. 南京农业大学博士学位论文，2011.

［115］谢鸿宇，陈贤生，林凯荣，胡安焱. 基于碳循环的化石能源及电力生态足迹［J］. 生态学报，2008（4）：1729-1735.

［116］赵荣钦，陈志刚，黄贤金等. 南京大学土地利用碳排放研究进展［J］. 地理科学，2012，32（12）：1473-1480.

［117］赵荣钦. 城市生态系统碳循环及其土地调控机制研究——以南京市为例［D］. 南京大学博士学位论文，2011.

［118］臧淑英，梁欣，张思冲. 基于 GIS 的大庆市土地利用生态风险分析［J］. 自然灾害学报，2005（4）：141-145.

［119］宋洪磊. 铜陵县土地利用碳排放效应及空间格局分析［J］. 安徽农业科学，2015，43（12）：299-302.

［120］魏媛，吴长勇. 喀斯特贫困山区土地利用碳排放效应及风险研究——以贵州省为例［J］. 生态经济，2018，34（3）：31-36.

［121］计军平，马晓明. 碳足迹的概念和核算方法研究进展［J］. 生态经济，2011（4）：76-80.

［122］黄宝荣，崔书红，李颖明. 中国 2000～2010 年生态足迹变化特征及影响因素［J］. 环境科学，2016，37（2）：420-426.

［123］Wackernagel M, Rees W E. Our Ecological Footprint：Reducing Human Impact on the Earth［M］. Gabriola Island（Canada）：New Society Publishers，1995.

［124］赵荣钦，黄贤金. 基于能源消费的江苏省土地利用碳排放与碳足迹［J］. 地理研究，2010，29（9）：1639-1649.

［125］卢俊宇，黄贤金，陈逸等. 基于能源消费的中国省级区域碳足迹时空演变分析［J］. 地理研究，2013，32（2）：326-336.

［126］韦良焕，林宁，鞠美庭. 基于碳足迹和碳承载力的新疆碳安全

评价 [J]. 水土保持通报，2017，37（1）：281-285.

　　[127] 杭晓宁，张健，胡留杰，罗佳，马连杰，廖敦秀. 2006～2015年重庆市农田生态系统碳足迹分析 [J]. 湖南农业大学学报（自然科学版），2018，44（5）：524-531.